中国野生动物保护协会 支持出版

绿野寻踪

猿猴那些事

郭耕 编著

中国林业出版社

图书在版编目(CIP)数据

猿猴那些事 / 郭耕编著. —北京:中国林业出版社, 2013.5(2019.7重印)
(绿野寻踪)
ISBN 978-7-5038-7033-0

Ⅰ.①猿… Ⅱ.①郭… Ⅲ.①猿猴亚目-基本知识
Ⅳ.①Q959.848

中国版本图书馆CIP数据核字(2013)第084085号

封面摄影:郭耕　吴锋　宋慧刚等

本书采用了各种猿猴照片。由于作者无法全部自己拍摄,故将数年收集的部分资料加以引用。对资料所有者表示感谢并请联系作者。

出　版:中国林业出版社(100009　北京西城区德内大街刘海胡同7号)
E-mail:fwlp@163.com　　电话:(010)83143615
发　行:新华书店北京发行所
印　刷:固安县京平诚乾印刷有限公司
版　次:2013年5月第1版
印　次:2019年7月第2次
开　本:880mm×1230mm　1/24
印　张:4
字　数:100千字
印　数:5001~15000册
定　价:20.00元

作者简介

郭耕，1961 年生于北京，1983 年毕业于中国人民大学。现任北京南海子麋鹿苑博物馆副馆长，中国科普作家协会、北京动物学会常务理事、北京野生动物保护协会专家组成员。著有《世界猿猴一览》、《猿猴亲子图》、《灭绝动物挽歌》、《鸟语唐诗 300 首》、《鸟兽物语》、《天地狼心》、《兽殇》、《保护环境随手可做 101 件小事》、《中国博物馆探游——麋鹿苑》、《天人和谐——生态文明与绿色行动》等书。曾获“林业部科技进步奖”、“地球奖”、“北京市十大杰出青年”、“北京市科学技术三等奖”等荣誉。被中国科普作家协会授予“突出贡献科普作家”称号。

目　录

第一章　概念——谁是灵长类，对号找座位

地球上的灵长类动物有400种之多，包括几百种猴、几十种猿，还有一种叫做人。本书基本上不涉及人的事，也就是说主要讲“非人灵长类”，即猿和猴的那些事，包括猿、猴的概念、分类、进化、分布，还有猿和猴的形态、运动方式、食性、生殖习惯、社会构成及通讯方法。

猿猴是灵长类动物的绝对主体，至于说猿和猴有啥区别，最简易的辨别之法就是判断尾巴的有无，真正的猿没有尾巴，猴则都有尾巴。摸摸自己，哦，没有尾巴，于是知道我们肯定不是猴，而是接近猿，由此说来“人是猴变的”这一提法太过简单，应该说人是从猿进化而来，关于这个话题，人类的争论由来已久。

一、关于“猴祖先”的争辩

1860年6月30日，发生在英国的“牛津大辩论”，可谓人类科学史上的一件大事。争论的焦点是——人到底是从哪里来的？当时的主流观点还是“神创论”：人是上帝创造的，地球上一切生物都是上帝按照一定的目的创造出来的。猫被创造出来是为吃老鼠，老鼠被创造出来是为了给猫吃……这乃是“神创论”、“目的论”坚守的观点，一度被认为是真理。

此前一年，也就是1859年，达尔文的《物种起源》问世了，他提出了生物进化论，并由此推断人是由类人猿进化来的。这好比一枚巨型炸弹，冲击了人们的固有意识，引起轩然大波。当时的统治阶级及其教会组织攻击进化论是对上帝的叛逆，有失人类尊严。形成了一场争辩。辩论一开始，牛津大主教威柏弗斯抢先跳出来。他把达尔文的进化论攻击一通之后，接着以谩骂的口吻说：“坐在我对面的赫胥黎先生，你是相信猴子为人类祖先的……那么请问你，你自己是由你的祖父还从你的祖母的猴群中变来的?”一批教会信徒和秉承“神创论”的学者权威，为之喝彩助威，大呼小叫。

赫胥黎从容地以雄辩的事实驳斥了大主教的歪曲和污蔑，揭露他对进化论和人类起源问题的无知，他回答大主教的挑衅说：“人类没有理由因为他祖先是类似猴子那样的动物而感到羞耻。我感到羞耻的倒是

赫胥黎

这样一种人，他惯于信口开河，他不但满足于自己事业中的那些令人怀疑的成就，而且还要干涉他一无所知的科学问题……这无非是想用花言巧语去掩盖科学真理，然而这是永远办不到的！”进步学者们又用事实证明了大主教对《物种起源》的一窍不通，连起码的分类学知识也没有。大主教再也没有答辩的勇气。此后，主张人类源自猿猴的进化论迅速传遍了欧美各国。

二、认猴为亲

过去，人类一直耻于把猿猴认做亲戚，好在，在科技昌明的现代社会，人们对这个话题已经安之若素。那年，美国前总统克林顿来华，中国民间环保组织的梁从诚先生送他一幅滇金丝猴的照片，克林顿喜形于色地说：这是我的表亲！

猴子是人类喜欢的动物，印度人崇拜一种神猴哈努曼——长尾叶猴，中国至少有一亿的人口属相为猴。猿、猴其实是两个概念：猿是无尾灵长类，猴是有尾灵长类。人类也是灵长类，但摸摸身后面，并没有尾巴，那就不是猴，而是猿。有的科学家给人类起了个名字——裸猿。

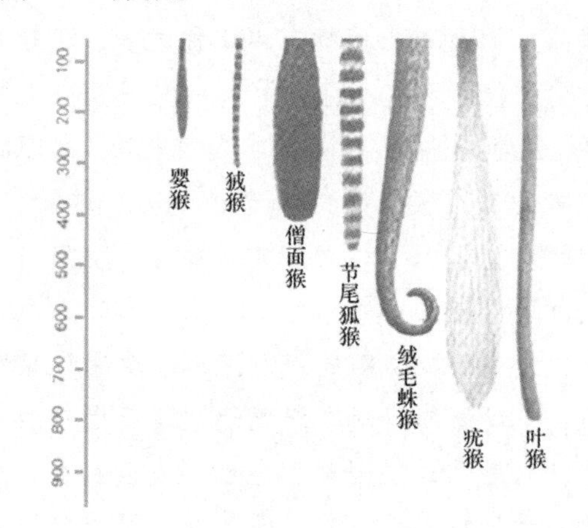

各种猴尾及其长度

三、灵长类概念

由此，就要先了解什么是灵长类？灵长类在动物分类学上又称灵长目，这是瑞典博物学家林耐在18世纪已命名的动物类群。在所有哺乳动物中，林耐最先命名的动物类群是灵长目，它有“众生之灵、众生之长”的意思。

灵长类为何“灵长”呢？对现生灵长类动物的观

察和研究，为我们认识这个问题提供了一定的答案。

首先，绝大多数灵长类都栖息在树上，这一点与大多数哺乳动物不同。在树上生活对于灵长类来说是不同寻常的。它们脚下没有土地可支撑，因此必须用四肢抓握树干。与此相适应，它们的四肢末端由早期哺乳动物的爪子逐渐转变为每个手指都能够单独活动的手。最后，拇指还能够与其余的各个手指对握。可想而知，这样的演化必定能够改善灵长类在树枝间活动所需要的抓握能力；更重要的是，拇指和食指指尖的对握可以形成环状，从而大大提高了手掌抓握物体的准确度。这一进化特征的出现不仅对早期灵长类搜寻昆虫等食物非常有利，而且对于后来灵长类可以用手灵巧地摆弄各种物体、直至最后能够制造和使用工具打下了基础。

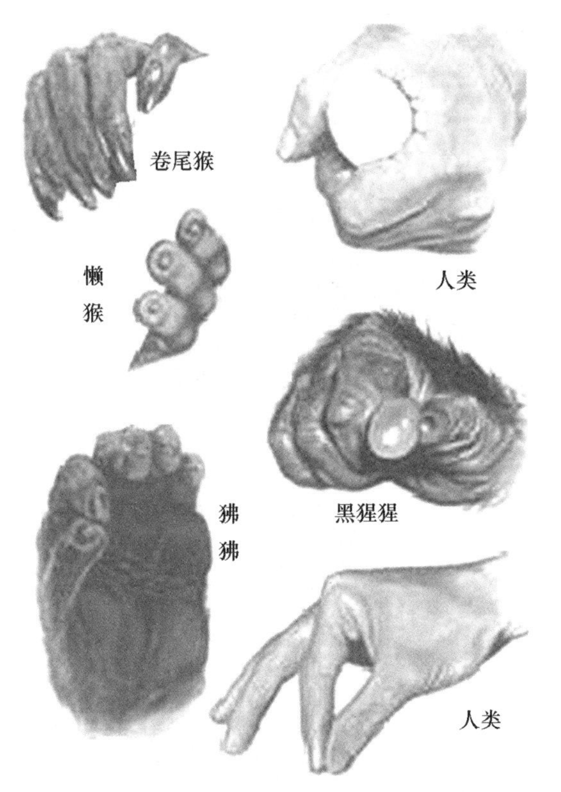

几种灵长类的适应树栖进化的手（可抓握）

与手部的灵巧活动相配合，灵长类发展了立体的视觉。双眼向前望着几乎是相同的目标，脑部就可以接受一对视觉的影象。经过了大脑的处理，影像就产生了深度、形象和距离的感觉。这样对灵长类在林间腾跃行进是非常重要的。灵巧的手加上立体视觉，就使得灵长类能够从三维空间观察物体，用手把物体任意移动和拨弄。这都是灵长类充分掌握四周环境特质的先决条件，也是激发好奇心的原动力。

灵长类还发展出辨认颜色的能力，这很可能与它起源于大眼睛的早期夜行性哺乳动物有关。早期夜行性哺乳动物的大眼睛是为了在夜间增强对光线的敏感性的，但是当灵长类起源后，它们在白天越来越活跃，大眼睛内的视网膜就转变为能够接受不同的色彩。能够分辨颜色有助于灵长类分辨若干食物，特别是热带雨林茂密树枝上的果子。

这样，灵长类具备了一套独特的感觉器，能够把触觉、味觉、听觉，尤其是色觉和立体视觉感受到的各种信息输入脑中。脑接收外界的信息与日俱增，进而能够把各种信息分类排比，最终产生了智力的发展。这样的智慧，是任何其他动物都没有的，这也就是为什么我们把这类动物叫做“灵长类”的原因。

立体视觉的猿猴

最古老的灵长类，也就是人类及其现代所有猿猴的共同先祖，可以上溯到6500万年前的古新世。那是与恐龙同时代的古猴，它们那贼眉鼠眼的相貌，与其说是像猴，不如说像鼠。在爬行动物横行的岁月，这是一些胆小如鼠、抱头鼠窜，惶惶不可终日，以昆虫为主要食物的小型哺乳动物。

1758年，在能否把人类划归动物界的问题上争议很大，就别说是灵长类了。其实，直到今天，在很多人的概念里还模糊不清或干脆心有不甘，我们算是动物吗？但根据解剖学的结论，林耐毅然决然地作出这样准确无误的分类——人类：动物界的一员，灵长类的一种——智人。只不过有时为了使人类与猿猴有所区分，便把猿猴称为非人灵长类。

现代人类在生物分类系统中的地位是：动物界、脊索动物门、脊椎动物亚门、哺乳动物纲、灵长目、类人猿亚目、狭鼻猴次目、人猿超科、人科、人属、智人种。

四、灵长类的特征

灵长类是动物界或曰哺乳动物中进化程度最高的一类。哺乳动物区别于其他脊椎动物（包括鱼类、两栖类、爬行类、鸟类）的，是非常进化的生殖系统，而灵长类区别于其他哺乳动物的是极其敏捷灵巧的四肢，特别是复杂而发达的大脑。灵长类动物作为动物界中进化程度最高的一类，表现出如下特征。

猕猴

第一，外形特征：灵长类面短鼻小，锁骨发达，前肢可以灵活转动，关节灵活，上下肢均可弯曲，适合攀援和抓握。除了少数种类外，所有猿猴的大拇指

(第一指)、甚至大脚趾都能与其他指、趾对握，以便抓取东西，多数指端具扁平指甲。脚掌没毛，形成便于行走的肉垫，裸毛也使手足的触觉器官发达。有些猴子自带“屁股垫”，具有胼胝体（即臀疣，臀下角质物），有颊囊和声囊。除了人类，灵长类动物的浑身均有被毛，在胸部或腋下多具一对乳房（个别有两对的）。吻部相对缩短，有面部表情。多数是双目前视（狐猴类为侧视），眼眶朝前，眶间距窄，视觉开阔而立体。除了人类，雄性猿猴（特别是原始类型的），阴茎呈悬垂形，多数具备阴茎骨；灵长类多具有阴茎裸露、阴囊下垂特点。除了猿类与人类，多数有尾巴。

第二，内部结构：原始灵长类具有双角子宫，高等灵长类则具单角子宫。成年雌性有周期性月经，妊娠（怀孕）过程中，幼子在胎儿期就得到有效的发育。灵长类大脑半球发达，脑沟回复杂，脑颅腔庞大。嗅觉相对退化，听觉灵敏，交流时能发出丰富的语音，牙齿发达，一般失去原始哺乳类特化的牙齿，不善撕咬。

第三，生态行为特征：绝大多数灵长类都适应树栖生活，并分布在热带、亚热带的丛林。除了少数种类，多以社会性群居生活。每年繁殖1~2次，每胎1仔，少数可多到3仔。幼体生长比较缓慢。雄性能在任何时间交配（低等猴类除外）。幼子受到母亲的照顾并在群体中成长，学会生存技能。除了少数比较原始的猴子以食虫为主并过夜行生活外，多数猿猴为昼行性并素食或杂食。灵长类动物大多神经系统敏锐，动作灵巧，善于使用手足操纵东西、探究周围事物。

相对于其他哺乳动物，灵长目动物不具备出众的外形特征，既无尖牙也无利爪，但它们却有发达的大脑、灵巧的四肢和高度进化的智力，足以获得万物之灵的称号了。

五、灵长类的类别

世界上的灵长类共有400余种，怎样区分呢？

从纵的角度即进化的角度看，灵长类包括：

低等的原始猴类：各种狐猴、大狐猴、懒猴、婴猴、指猴、跗猴（眼镜猴）。

中等的一般猴类：小型的各种狨、獠及节尾猴；中型的各种卷尾猴；中型的各种具有颊囊的杂食猴子和具有复胃的素食猴子。

高等的无尾猿类：各种体型不大的长臂猿；体型巨大的巨猿即猩猩类。人类是进化程度最高的灵长类。

从横的角度即分布上看，灵长类包括：

亚洲：跗猴、懒猴、猕猴、叶猴、大鼻猴、仰鼻猴、长臂猿、合趾猿、猩猩（又名黄猩猩）。

非洲大陆：婴猴、金熊猴、树熊猴、狒狒、山魈、赤猴、长尾猴、白睑猴、沼泽猴、喀麦隆猴、疣猴、大猩猩、黑猩猩、倭黑猩猩。

非洲马达加斯加岛：指猴、各种狐猴、倭狐猴、鼠狐猴、大狐猴。

南美洲：小型的有狨、倭狨及獠，金狮獠、节尾猴；属于卷尾猴大类的有夜猴、伶猴、松鼠猴、僧面猴、秃猴、丛尾猴、吼猴、蛛猴、绒毛猴、绒毛蛛猴。

越南仰鼻猴

秃猴

伶猴

欧洲：仅在直布罗陀存在一种半野生的猕猴，为几百年前人类从非洲引入的种类——叟猴。

人类的生活区遍布南极以外的世界各地。

六、新种不断被认识

人类对大自然的认识，还只是沧海之一粟，尽管人类已经记录、认识了几百种地球上的灵长类。

近年来，人们从喜马拉雅山脉和坦桑尼亚分别发现了 2 个灵长类旧大陆猴的新种（甚至在非洲发现的还是个新属）和 1 个在巴西发现的新大陆猴的新种。

2003 年，世界自然基金会（WWF）在中缅边界发现一种科学界尚无定论的猴子，这是自 1908 年以来发现过、但再无音讯的猴子，当地人称之为“森林深处的猴”所以其拉丁学名为 *Macaca munzala*，翻译为“阿鲁纳恰尔短尾猴”，共有 14 群，每群约 10 只。

2003 年底，国际野生生物保护学会（WCS）的达文波特博士在坦桑尼亚南部高地郎乌—利文斯通森林首次发现“高地白睑猴”或名“伦圭猴”，发现这个种的两个地方竟隔着 400 千米。2004 年，又一个考察组在乌德哥瓦山发现 4 群，每群 30 只。此猴不仅是新种，还是新属，是人类 80 年来首次鉴定出的灵长类新属，且在分类上处于白睑猴和狒狒之间。

当初，科学家从得到的照片上判断应是白睑猴，不久，有一只这样的猴闯入农田后被捕兽夹夹死，科学家才第一次检验了它实体的相关基因信息。DNA 测定结果很特殊，表明它是单独的属，更近于狒狒，高近 1 米，鬃毛颀长，头顶带有一撮毛，除腹部和尾梢呈白色外，身体其余部位均为灰褐色，成年猴子鸣叫似雁声。大多聚居在海拔 2500 米的山林，因为首次发现于坦桑尼亚的伦圭山区，所以列为伦圭猴属，即动物界、脊索动物门、哺乳纲、灵长目、猴科、伦圭猴属。目前本属之下仅此一种，极其稀有。

目前多种灵长类正濒临灭绝并且亟待采取保护措施（《濒危灵长类：世界最濒危灵长类，2008～2010》）。由于热带雨林的摧毁，非法野生动物贸易，特别是商业丛林肉的经营，目前，近一半数目的灵长类物种都濒临灭绝。其中包含5个马达加斯加的，6个非洲大陆的，11个亚洲的和3个中、南美洲的物种。例如，生活在越南东南部金头叶猴，只有60～70只个体还存活着。马达加斯加岛只有不到100只鼬狐猴硕果仅存。越南东南大概只有110只黑冠长臂猿存活。另外，中国的海南长臂猿数量仅约20只。

世界上近一半（48%）的灵长类都被列为国际自然保护联盟濒危动物红皮书的濒临灭绝物种，最主要的威胁就是栖息地的摧毁，特别是热带雨林的烧毁和砍伐（导致了大约16%的全球温室气体排放造成的气候变化），捕猎灵长类为食，以及非法野生动物贸易。

个别物种的恢复，也有成功的地方。在巴西，和金狮狷一样，黑狮狷已经从国际自然保护联盟的严重濒危的红色名录转到了濒危名单里，这包括无数机构的努力，使这两种动物的数量目前都得到了较好的保护。但依然急需恢复森林的宁静，为它们提供长期的栖息地。

2006年，安东尼奥·门德斯庞特在巴西发现一种金毛僧帽猴，金毛，头顶带有白色发饰，在一片200万平方米的湿地森林中，仅见32只。

1992～2008年之间，保护国际（CI）的拉斯密特梅尔博士在亚马孙森林共描述了6种狨猴、2种伶猴。其中卢氏倭狨还是一个单独的属，叫黑冠倭狨属。

南美伶猴

到2008年，南美共有8中灵长类：有3种狨猴、3种伶猴、2种秃猴为新发现种。

与此同时，近年CI在马达加斯加岛发现了不少于22种的狐猴新种：7种小鼠狐猴、2种巨鼠狐猴、5种倭狐猴、2种绒狐猴、4种嬉狐猴。

第二章　分类——灵长类家庭，猿猴同根生

一、从黑猩猩做宇航员谈起

在人类历史上，第一个飞入太空的灵长类是人类的表亲：一个名叫“海姆”的黑猩猩。1961 年 1 月，美国水星号宇宙飞船以时速 5000 英里搭载着这位被动的“冒险家”御风驾云般地进入太空，比俄国人尤里加加林——首位进入太空的人类还早 3 个月。人们之所以选择了黑猩猩，是因为这个物种与人的亲缘关系最近，二者的遗传基因有 99% 是重合的。

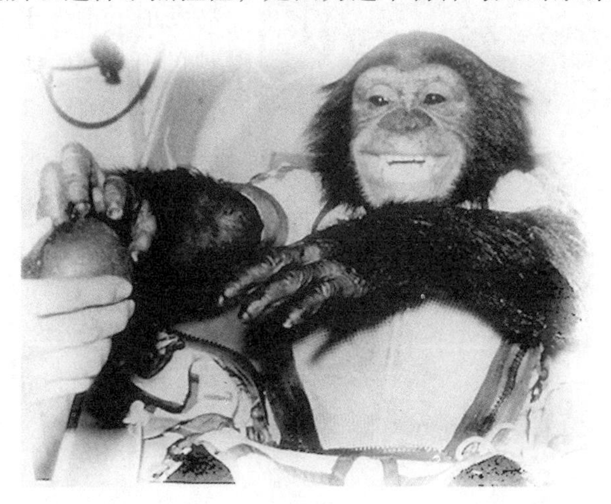

海姆

黑猩猩的拉丁学名为“洞居”之意，那是早期科学家的误解，实际上黑猩猩是典型的“树栖”者，是人类祖先树栖经历的活生生的翻版。人与黑猩猩的分道扬镳、“人猿相揖别”是 500 万年前的事情。

不应与黑猩猩混为一谈的倭黑猩猩，是人类最后鉴定的（1929 年）一种大型类人猿。它与人类的相似性就更多了，如频繁地直立行走、面对面地交媾、娴熟地运用工具……为我们重塑了祖先的形象并再现了人类进化历程中失却的重要环节。这一切都证明，倭黑猩猩是人类更直接的亲戚——200 万年前是一家。

二、关于动物的分类

物以类聚，人以群分。随着人类对认识自然的需要，分类学应运而生。目前，人类已经把地球上具有相似性的 190 万个动植物物种进行了分类。瑞典博物学家林耐作为现代分类学的开创者，1758 年，他在《自然系统》第 10 版中，运用“双名制”命名方法对自然界约 4400 种动物做了描述并命名。“双名制”是

使用全世界公认的、固定不变的拉丁名来命名，第一个词代表“属”名，第二个词代表“种”名，这种简单明了的命名系统，代表了以往所有的繁复的多词命名系统。因此，继林耐《自然系统》一书之后出版的自然书籍都采用了这全世界唯一通用的命名系统。有趣的是，随着人们认识自然的深入，在“种”的以下还分出“亚种”，这样的含有“属、种、亚种”的拉丁学名便被称为“三名制”。

林耐所提出的分类系统是以形态结构的相似性为基础、对物种进行分组，以递降的等级顺序，从大到小，逐渐降至特殊类群，最后到某一特定物种为止，每级水平的动物都具有该级动物所独有的特征。主要分类阶元包括界、门、纲、目、科、属、种。

人和黑猩猩（同门、同纲、同目、同科）

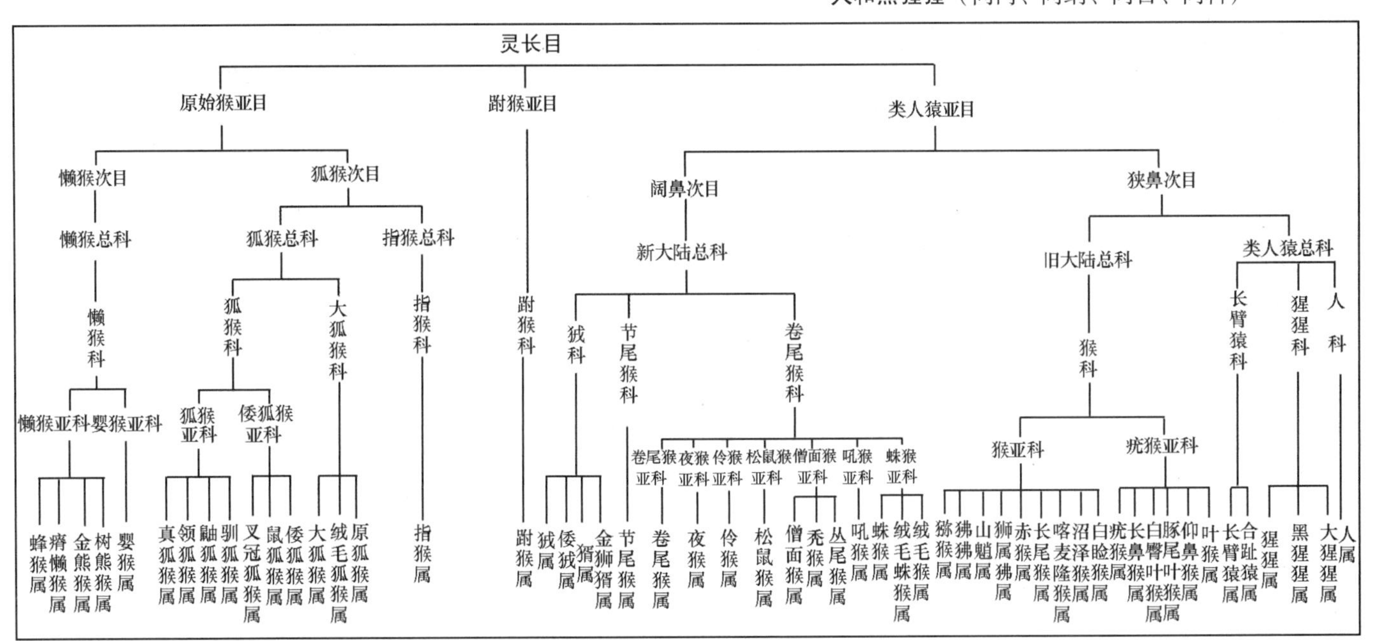

全球灵长类分类进化树

林耐创立的分类原理沿用至今，但其内容早已得到极大的补充和修正。

例如，林耐最初对灵长类仅仅确立了4个属：人属、猿猴属、狐猴属、蝙蝠属。1873年，人们认识到蝙蝠应是单独的动物类群，从此蝙蝠属改为翼手目。在狐猴属下，原来包括懒猴，现在早已被单列一属，曾被列在狐猴属下的飞狐猴，也被作为单独的一个目——皮翼目独立出来。原来的猿猴属更是变化巨大，被分成了猴科、疣猴科、卷尾猴科、长臂猿科、猩猩科等含有几十个属的现代猿猴类群。尽管如此，其内涵和基本原理没有变，林耐命名的人和猿猴一直作为类人猿亚目的主要成员，狐猴和懒猴一直作为原始猴亚目的主要成员。在艾文西蒙权威性的分类后，基本定型，改动不大。但有个例，如眼镜猴（又名跗猴）一直难以对号入座。这种产于南亚岛国的小型夜行猴子，解剖学特征介于两个大目之间，让人左右为难。一度，分类学家干脆将其单立一目：跗猴亚目。这种现象还出现在南美洲的一种猴——节尾猴的身上，它介于狨科和卷尾猴科之间，于是，也一度被立为单独的一科：节尾猴科。但是，灵长目下的基本格局没有太多出入，即两大亚目：原始猴亚目（包括狐猴次目、懒猴次目）、类人猿亚目（包括阔鼻次目、狭鼻次目）。

关于类别，可以依据不同的方式方法来分：

按照进化程度，可以分为低等进化的猴类、中等进化的猴类、高等进化的猿类。

按照分布区域，可以分为新大陆灵长类（南美）和旧大陆灵长类（亚非）。

按照形态特征，可以分为狭鼻类（旧大陆猴）和阔鼻类（新大陆猴）。

按照运动类型，可以分为树跳型、四足型、臂荡型、指撑型、二足型。

按照食物类型，可以分为肉食性、植食性、杂食性。

按照活动规律，可以分为昼行性和夜行性。

按照栖息环境，可以分为树栖、地栖、岩栖等。

按照居群类型，可以分为孤独型、单配制、多配制。

三、灵长类的三大家族

在哺乳纲、灵长目下，世界上的猿猴及人隶属3个大的家族即亚目（Order）。

灵长目所有的3个亚目如下：

原始猴亚目：是原始进化的猴类。

跗猴亚目：有几种眼镜猴 。

类人猿亚目：是一些进化程度较高的猴类、猿类和人类。

1. 原始猴亚目

又名原猴亚目、狐猴亚目。头骨的面部较长，显得吻部突出，口鼻湿裸。颅腔较小，大脑不发达，缺乏沟回，双目位于面部两侧；具双角子宫，雄性具有阴茎骨。许多种适合夜行生活，耳大而善动；后肢的足趾第二趾具有用于梳理的勾状指甲，其他指甲为平甲。狐猴和懒猴的牙齿数共36个，大狐猴30个，指猴仅 18 个；原始猴类的下门齿和犬齿多形成梳状齿；下颚分为两部分，中间仅以软骨相连；具有发达的味腺，因而，嗅觉优于视觉。原始猴亚目包含狐猴次目和懒猴次目。

狐猴次目和懒猴次目的特征比较

特征丨类别	狐猴次目（含狐猴、大狐猴、指猴）	懒猴次目（懒猴、婴猴）
种类	狐猴、大狐猴、指猴	懒猴、婴猴
分布	仅产马达加斯加	亚洲和非洲大陆
运动类型	大狐猴树跳外，多为四足型	懒猴熊猴慢爬；婴猴疾走
昼夜行性	倭狐猴、鼠狐猴、指猴外，均昼行	均为夜行性
牙齿数目	狐猴 36；大狐猴 30；指猴 18	均为 36
尾	除大狐猴外，均有长而多毛的尾	慢爬型无尾，疾走型尾长而多毛

阔鼻次目和狭鼻次目的特征比较

特征/类别	阔鼻次目（含狨猴、节尾猴、卷尾猴）	狭鼻次目（含猴科、疣猴、长臂猿、猩猩科、人）
鼻	鼻隔很厚，鼻孔相距远，偏向两侧	鼻隔薄，鼻孔相距近，开口朝下
耳	无骨质外道耳，耳鼓以一环状骨支立	有骨质外道耳，具较长的管状内耳骨
臀垫（胼胝）	无	猴科动物多数存在臀部的硬垫
颊囊	无	猴科多有颊部暂时存食的囊
牙齿	卷尾猴为$\frac{2133}{2133}$；狨科为$\frac{2132}{2132}$	齿式$\frac{2123}{2123}$；32 齿，两个前臼齿
前肢	前肢短于后肢	前肢长或适中
拇指	退化、不能与其他指对握	能与其他指对握
大趾	退化，但间或能与其他足趾对握	间或能与其他足趾对握
尾	尾长，多能卷曲	有长有短甚至无尾，均无卷曲
分布	西半球南部（中南美洲）	东半球（亚洲非洲）

2. 跗猴亚目

又名眼镜猴亚目。虽然跗猴亚目只有1科1属的3个种，但它们具备原始和进化的双重特性。一方面，

眼镜猴

夜行性上很像原始猴亚目的猴哥猴弟们，眼睛很大，耳朵能动，颚部软骨也有分开现象，第二、第三足趾具有梳理爪；另一方面，却不具备原始猴类潮湿的口鼻和梳状齿，而是具有类人猿亚目成员的那种干燥具毛的口鼻和朝上长的下门齿（尽管仅仅是单独的一对儿），因此，跗猴的牙齿数是34颗。区别于其他猴类，最显著的特点就是后肢那夸张延长的跗骨，这在灵长类的世界是独一无二的。

3. 类人猿亚目

又名猿猴亚目。为哺乳动物中进化程度最高的类群，包括人在内的这类动物头颅大、脑发达，多脑回，双目向前，单子宫，盘状胎盘；除了狨猴有爪外，四肢均具5指（5趾）的扁平指甲；雄性无阴茎骨。本亚目下含两个次目，即：阔鼻次目和狭鼻次目，它们之间的差异从头骨特征特别是齿数上清晰可鉴。狨科动物有3个前臼齿耳骨，一般猿猴则为两个；鼻型亦有别。但阔鼻和狭鼻这两大类猴子在头骨解剖上区别不明显，因为支撑鼻孔的是软组织。除了分布在南美洲的夜猴外，均为昼行性。本亚目的动物包括狨猴科，节尾猴科，卷尾猴科，猴科，疣猴科，长臂猿科，猩猩科和人。

四、灵长类的12个小家族——科

世界上现存的灵长目中，共有12个形体各异的家族——科：

懒猴科、狐猴科、大狐猴科、指猴科、跗猴科、狨猴科、节尾猴科、卷尾猴科、猴科、长臂猿科、猩猩科及人科。

1. 懒猴科

懒猴科动物包括分布于亚洲的懒猴（又名蜂猴）、瘠懒猴等。分布于非洲的有金熊猴（又名金懒猴），特点是尾长，耳善卷动；因其二、三指退化及其余指式的变化，手掌呈现钳状。树熊猴（又名大眼懒猴）。婴猴，其特点是尾长。一些分类学家将其单立为科。

金熊猴（金懒猴）

因为婴猴行动敏捷而有别于懒猴。总体来说，懒猴头圆吻短，上门齿 1 或 2，具梳齿，齿数 36 个，上门齿小，下犬齿刀状，臼齿基本为 4 尖式；尾仅余痕迹，脚踵下有毛，掌垫宽厚，第二趾有钩爪，行动迟缓，呈四足型慢爬，树栖，多属独居，夜行，杂食，以昆虫、蜥蜴等位为主要食物。

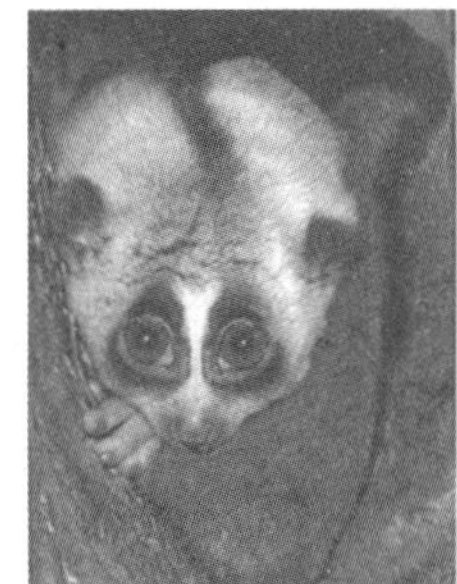
懒猴

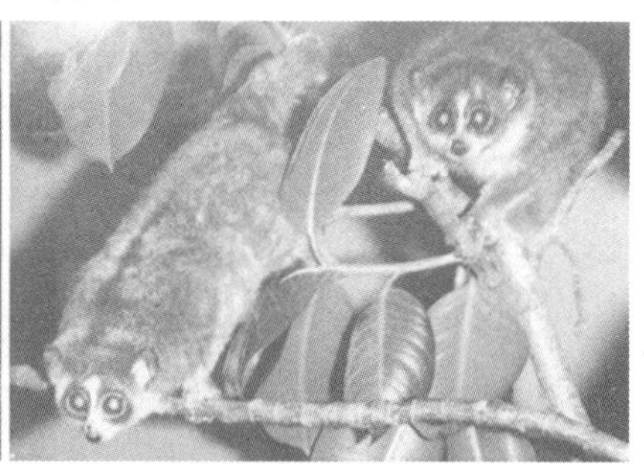
倭蜂猴

瘠懒猴

婴猴

2. 狐猴科

狐猴科动物包括体型中等的真狐猴、领狐猴、鼬狐猴、驯狐猴及体态小巧的倭狐猴、鼠狐猴，分布在非洲的马达加斯加岛。狐猴因面孔似狐而得名，吻长耳

驯狐猴

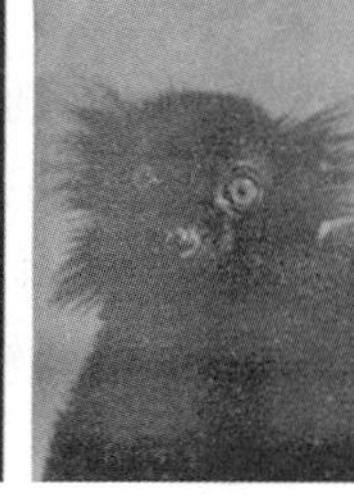
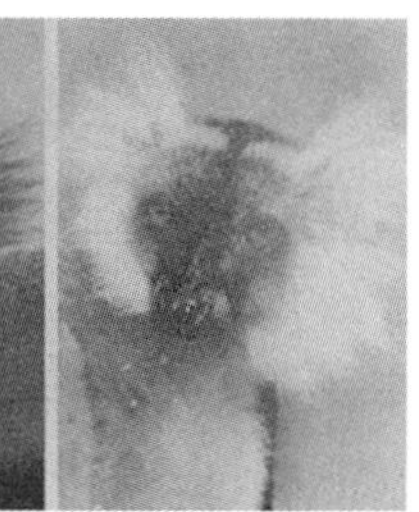
黑狐猴（左雄、右雌）

立，眼在面侧，拇指与其他指（趾）对握，除了第二趾具有钩爪外，其他各指（趾）均具指甲。狐猴的齿数为 36 个，上门齿 0 或 2，小或缺，两侧门齿之间有较宽的虚位，下犬齿呈切割状，第一下臼齿呈犬齿状，臼齿基本为三尖式；脑颅较长，后足无毛，足掌面有粗硕的脊状掌垫。尾长而多毛，除倭狐猴、鼬狐猴是夜行性外，狐猴类均营昼行性、群居、杂食、树栖生活。

大狐猴

3. 大狐猴科

大狐猴科包括短尾的大狐猴、长尾的原狐猴（又名鸡鸣猴）、小个子的绒毛狐猴（又名捕鸟猴）。本科猴短尾，貌似狐猴，但有的种类个体庞大，腿长善跳，善于作出垂直攀附和树跳型的动作，有的脚趾的基部呈蹼状。齿数仅 30 个，上下颌均有犬齿，下颌第一前臼齿似犬齿状，上门齿增大，门齿呈凿状，除了绒毛狐猴为夜行性外，大狐猴类均为昼行性，分布于马达加斯加岛。

4. 指猴科

指猴科动物仅指猴一种，是马达加斯加岛的夜行性灵长类。它的头骨特征奇特，口鼻很短，眶后突与颧弓粗大，眼窝位于脸的前部。牙齿仅 18 个，一对一的门齿大而成凿状，像老鼠一样终生生长，釉质的牙齿，无犬齿，门齿与颊齿间有齿隙；前肢第三掌骨比其他手指都长且细，由此而得名指猴（并非像指头般大小的猴）。大趾（大指）均有指甲，其余为爪；尾长，呈刷状。指猴凭借超细超长的手指和尖利凿状牙齿咬穿树皮，咬开坚果，吃掉“骨骼在外”的昆虫，在猿猴王国绝无所有。

指猴（只因其指型特殊，故名）

5. 跗猴科

跗猴科又名眼镜猴科，所属的几种跗猴均产于东南亚的岛屿，典型的夜行性体现在具备相对最大的眼睛上，故名眼镜猴，其脸盘向前，眶间间隔很薄，适于夜视，视网膜无视锥。跗猴之名来自其超长的跗骨，后肢长，胫骨和腓骨合二而一，长而有力的双腿，赋予了它们典型的垂直攀附和树跳型的运动方式。牙齿数为 34 颗，上颌第一门齿比第二门齿大许多，中上门齿增大，前臼齿单调，上臼齿的齿冠呈三角形，下臼齿有较大的后尖。尾长而无毛，仅端部有稀疏的簇毛。夜行，食虫，指（趾）端部有吸盘，第二第三趾具有钩爪，由于这些特点，分类学家一直认为跗猴是原始猴类，但其干燥的口鼻，呈骨质管的耳骨，又显示了类人猿亚目的特征，特别是胎盘的绒毛膜类型更接近类人猿。跗猴最与众不同的、特殊的齿数和特别的跗骨，更有理由将其单立一目：跗猴亚目。

跗猴（又名眼镜猴）

6. 狨猴科

狨猴科包括狨属、倭狨属、猬属、金狮猬属共30余种小型灵长类动物，均产于南美。狨猴虽小，但各种特征显示，它们已属于类人猿亚目的动物，齿数与人类一样，32颗，齿式有别于一般猿猴，上下第一门齿宽而呈凿状，前突，上臼齿大致呈三角形，上下颌的第一门齿小而尖利。口鼻、吻部干燥，鼻孔夸张地分向两侧，为阔鼻猴次目的特征，狨和猬的齿式有所不同：狨猴和倭狨的齿式呈V型，门齿长而犬齿短；猬和金狮猬的齿式呈U型，门齿短而犬齿长。狨科猴类除了大足趾具备指甲外，其余指（趾）均为爪状，拇指也不能与其他指（趾）对握。

成年倭狨在人的掌上

皇猬

白耳狨

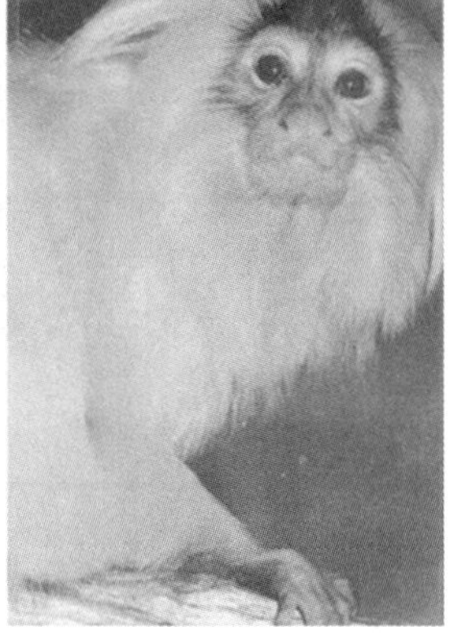

金狮猬

7. 卷尾猴科

本科动物包括真正卷尾的蛛猴、绒毛猴、绒毛蛛猴、卷尾猴、吼猴和非卷尾的夜猴、松鼠猴、伶猴、僧面猴、丛尾猴、秃猴共40余种，均分布于中南美洲。卷尾猴科动物的齿数为36个，最后一颗臼齿相对变小。有些种类的臼齿甚至消失。门齿呈凿状，无齿尖；所有卷尾猴科成员均具指甲且拇指能与其他指对握。有些种类拇指退化。有些种类阴蒂突出。除了夜猴外，均为昼行性。

卷尾猴

夜猴

绒毛蛛猴

黑帽卷尾猴

吼猴

8. 节尾猴科

就像跗猴在分类地位上令人左右为难一样，节尾猴也是南美洲猿猴家族的一个另类。1903年才被发现的这种小型灵长类，有着狨科和卷尾猴科两类动物的共有特征：齿数36个，颊齿齿尖为6个，这种解剖学特征，很像卷尾猴；而尖利的小爪很像狨猴，下前齿的长獠牙很像猬，小巧的个体也类似狨和猬。

南美节尾猴

9. 猴科

猴科动物是人们印象中名副其实的猴子，包括猴亚科和疣猴亚科，在亚洲和非洲均有分布。猴亚科是单胃、具颊囊、杂食的猴子，包括各种猕猴、各种白睑猴、各种长尾猴、各种狒狒及短肢猴、赤猴、喀麦隆猴、山魈、狮尾狒；疣猴亚科是复胃、无颊囊、以植物为主食的猴子，包括各种叶猴、各种疣猴、各种仰鼻猴及长鼻猴。本科动物成员约百种，是猴子世界的主要角色。猴科动物的牙齿均为32颗，下颌第一前臼齿的前根向前斜插进入齿骨，齿根大部分暴露在

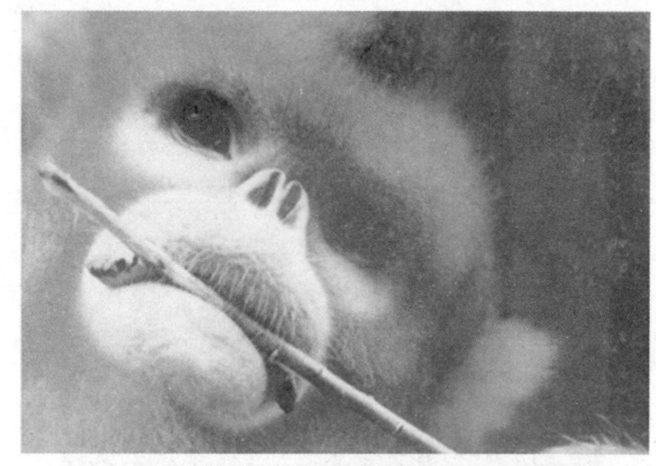

川金丝猴

长鼻猴

外；中上门齿宽而呈铲状，上犬齿长且呈獠牙状，两颌闭合时，下犬齿置于上犬齿与门齿的虚位中，第一下臼齿增大，咬合时正好与上犬齿的后缘相接，形成刀割面。

猴科动物又称旧大陆猴、狭鼻猴，与新大陆的阔鼻猴相对应，新大陆猴的卷尾猴与旧大陆的猴亚科，它们之间有体型上的相似性，但亚洲、非洲的猴科动物鼻孔间距很近，鼻孔朝下，为典型狭鼻猴类，多具胼胝（即臀下的角质硬垫），尾有长有短，但绝无卷尾，均为昼行性。由于疣猴亚科与猴亚科有着诸多差异，也有些分类学家把疣猴亚科的动物单独列为一个科。

10. 长臂猿科

长臂猿科包括各种长臂猿、合趾猿共 10 余种，均产于东南亚。猿的主要特征不是体大，而是无尾。长臂猿顾名思义就是臂长，区别于猴科动物的是没有颊囊却有声囊，类似猴科动物的是也具有胼胝。牙齿上的差异也很大，上臼齿呈方形，除了 3 个尖外，还有一个小尖们基本呈 4 尖型；下臼齿 5 个尖，比猴科动物多出一个尖，齿数为 32 个。长臂猿为完全的树栖灵长类，昼行性，以家庭为单位的群居类型，运动方式为典型的臂荡型。只在固定的领域内活动，高亢的啼鸣是其特有的社会行为。

合趾猿

长臂猿

11. 猩猩科

猩猩科动物包括产在亚洲印度尼西亚岛国的猩猩（亦名黄猩猩）和产在非洲大陆的大猩猩、黑猩猩、倭黑猩猩，共 4 个种，是人类当之无愧的近亲。本科又被分为褐猿、大猿、黑猿，无尾，但比起长臂猿块头要粗大得多，臂长腿短，既能树栖，又能地栖。无颊囊，无胼胝，面貌似人，故而黄猩猩又被称为森林

黄猩猩

黑猩猩

大猩猩

倭黑猩猩

老人，它的大足趾能与其他足趾对握而被称为四手动物。大脑多沟回，盲肠有蚓突，智力发达，通讯方式复杂，能使用简单的工具，是进化程度最高的非人灵长类。齿数32颗，犬齿明显大于其他牙齿，成年雄性尤其突出，左右颊的齿列近乎平行，下臼齿的齿尖形状呈Y－5型。除了黑猩猩的雌性具有性皮肤肿胀现象外，猩猩和长臂猿都没有发情时的这种性皮肤肿胀；除了黄猩猩树栖、独居为主外，大猩猩以地栖为主，黑猩猩则有搭树巢的习性，群居，黑猩猩和大猩猩均以“指撑型”为运动方式。除了大猩猩偏于植食即素食外，猩猩科的大部分成员还是素食为主的杂食。

12. 人科

全世界的人类只有一个种——智人或现代人（Homo sapiens，linnaeas，1758）。人类最显著的特征是直立行走即呈现“二足型”的运动方式。脚底有足

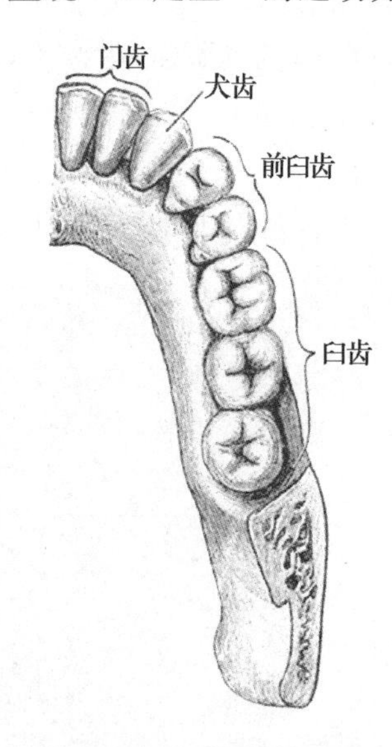

人类牙齿与大多数猿猴的牙齿结构一样，是由门齿两对、犬齿1对、前臼齿2对、臼齿3对，即2.1.2.3的齿式构成

弓，适应直立并减少对大脑的震荡；后肢比前肢粗大有力。大足趾不能与其他脚趾对握（多数的灵长类则可对握）；手短，拇指粗长，可以灵活握物，善于手脚分工，手脑合作。脑量扩充，颅腔大，脑量大，大脑半球发达，脑沟回复杂，颚缩回，头圆脸短，体毛退化，智力高度发达，思维能力复杂，能创造工具，从事各种劳动，有目的地改造自然，具有有拍节的语言，过社会化的生活。齿数为 32 颗，犬齿与其他牙齿几乎等大，左右颊的齿列不平行，第一前臼齿的间距小于最后一颗臼齿的间距。

尽管全球的人类都是属于一个种，但现代人根据其体貌特征、地理分布，可以分为 3 个基本的族类：蒙古人种（黄色人种），尼格罗人种（黑色和棕色人种），欧罗巴人种（白色人种）。人，这个物种，作为动物界的一员、灵长类的一种，猿猴的亲属，只有不到 300 万年的进化历程，但有别于其他灵长类的是，人类是一种能制造复杂工具和进行复杂交流，具有自觉能动性和高度社会化的灵长类动物。

第三章 进化——人猿相揖别，进化几春秋

一、最早的灵长类——见过恐龙的猴子

一般认为，灵长类动物的进化史贯穿了整个新生代（从7000万年前的古新世到1万年前的全新世），但是，最早的灵长类动物，应该首推中生代末期白垩纪晚期（约8000万年前）的一种更猴。这种发现于美国蒙大拿州岩石中的猴子，体态介于现代的树鼩和狐猴之间，可能是刚刚从食虫目动物分离出来，构造极其原始，以至于都不能与现存的半猴类“狐猴”相提并论，因此，它们被认为是现代灵长类模棱两可的祖先。这个时候，正值恐龙走向衰亡、昆虫趋于兴盛，中生代动物类群的绝灭为新生代动物的大发展腾出了空间，扫清了道路，作为后起之秀的哺乳类渐渐成为新生代最富代表性的生命形式。虽然在体力和数量上都还微不足道，却大有蓬勃发展取代恐龙霸主地位的咄咄态势，灵长类就是在这个时期应运而生的。

古新世中期（约6500万年前），一些被考古学家称为古新猴的灵长类动物首先在北美洲、继而在欧洲出现。从法国中部的多姆山古新世晚期地层发现的完整古新猴化石看，这些猴祖宗体细尾长、脑颅硕大、吻部尖长、眼位于头的两侧，双眼没有眶后条，突出的门齿与臼齿分隔出较大的虚位，牙齿下部呈矩形，上部则尖圆；手足均具爪，下肢短粗。尽管体态特征原始，正处于从食虫动物向食果动物的转变中，但已明显地区别于其他哺乳动物，称为单独的一支——灵长目动物。

古新猴，从其啮咬的齿型看，它们是以植物茎、皮、种子、果实为食的。从其近似于树鼩的体型看，它们是以地面生活为主的，并带有食虫目动物的某些特征。从古新世到始新世，欧亚大陆与北美大陆尚有白令陆桥相联，气候温暖，森林覆盖，这为古新猴向更广泛的地域扩散、自由地往来提供了便利条件。所以，在北美和欧洲都发现有古新世和始新世的灵长类化石，到了始新世晚期，便不复存在了。

二、真正的灵长类——树栖的猴子

比灵长类地栖祖先晚了1000万年，大约在5000万年前，灵长类的树栖种类相继问世。首先，一些类

树栖是大多数猿猴的特征，这只棕狐猴也是以林为家

似现存跗猴的一类动物出现在灵长类进化的行列中，它们腿长臂短。如在各方面都比古新猴进化的北美古猴，具有大而前视、具备了眶后条的眼，吻部缩短，身体弯曲，后肢颀长，大足趾与其他趾分离。这些出现在4000万年前的始新世猴，由于在体态上与现存的鼬狐猴类似，只是相对粗笨一些，从形态的相似性上可推断出它们的生存方式。

其后，大约在3500万年前，又一庞大的灵长类家族在北美出现，这些见于渐新世中期的原始灵长类，从骨骼构造上与现代倭狐猴类似，显示出已经具备高超的弹跳能力和攀附抓握的运动方式，这一家族发展成为约20个属的形形色色的古猿猴并向欧亚大陆和南美大陆扩散。

再次，跗猴出现并发展为4个不同的属（如今只有1个属存在于东南亚），这种最初发现于欧洲始新世地层的原始跗猴，体态仅为现代跗猴种类的一半，但从其修长的跗骨（脚板）、拱形的齿弓、正视的双眼、前移的双眼眶后条以及指甲取代了尖爪，手足具备了抓握树枝能力等等特征来看，都已经与现代跗猴接近了，无疑，这种完全脱离了食虫目特征的树栖生活为主的动物，就是真正的灵长类动物。

灵长类动物之所以从初期的地栖为主，进化成后来的树栖为主，那是因为远古地球上到处覆盖着密林，灵长类动物为了获取更多的果实，为了避免与满地乱窜的啮齿目的竞争，也为了更有效地躲避食肉动物，只有上树，别无选择。趋利避害，适者生存，这也是如今大部分猿猴还在树上的原因。

三、灵长类进化——辐射路径

就像马这类动物当初起源于北美洲，在新生代晚期的更新世扩散到了非洲，并演化成现今非洲的斑马一样，灵长类也是按照这一路径进化扩散的。

一种理论认为，灵长类发源于北美洲，尽管现今北美洲的自然界根本没有灵长类动物。那么，它们又是怎样远涉重洋，分布区域蔓延到了亚洲大陆、非洲大陆及南美大陆的呢？灵长类动物多为四足型运动的兽类，既不会飞，也不善游，其扩散途径主要依赖陆地。

始新世以前（约5000万年前），欧亚大陆与美洲大陆有陆桥相联，美洲的动物不断向亚洲拓展，亚洲的动物也不断向美洲发展，两边共有或近似的动物

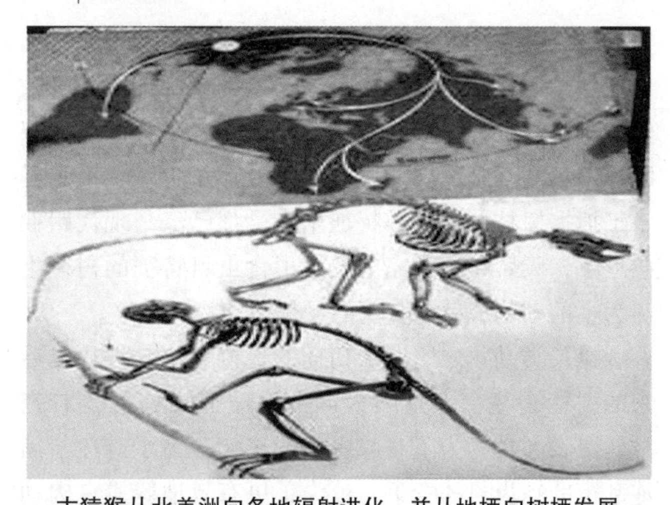
古猿猴从北美洲向各地辐射进化，并从地栖向树栖发展

很多，如鼠兔、羚牛与麝牛等。始新世以后，气候变冷，白令陆桥及北美的森林渐次减少，灵长类的这种自由往来便趋于结束，形成分头进化的局面。

南北美洲之间早在7000万年前就有陆桥相联，北美洲的动物如现存于南美洲的水豚，不断南下，随着南下的大军，灵长类动物也当仁不让。后来海侵产生，形成相互连接或独立的岛屿，阻止了扩散。到渐新世，海水退去，巴拿马地峡形成，灵长类等动物又可以南下。更新世冰期来临，对动物扩散产生一定影响，海水落下，陆桥呈现，动物们继续南来北往地迁移；海水上涨，陆地被隔开，再度形成岛屿，除了“漂渡”，灵长类再也无法扩散，而漂渡的机会太偶然了，既要有顺流顺风，又得是成双成对地渡海（以便传宗接代），也许，在几百万年中才有百万分之一的成功机会。但是机会毕竟是有的，而且成功了——马达加斯加岛繁荣的狐猴家族就是典型例证。

另外，根据德国科学家阿尔布莱格瓦格纳的理论，中生代时，现在的亚、欧、美、大洋洲及南极各个大陆都还是一块完整的超级古陆，即“瓦格纳古陆”。到了中生代末期，地壳剧烈运动，海陆重新分布，各个大陆才逐渐漂移、分开，从眼下恐龙化石的分布在各个大陆均被发现便可证明，至少，当时各个大陆是相联的。

在古新世（大约6500万年前），各个大陆漂移得还不远，到始新世，南美洲和非洲最近的地方仅相距几百千米，隔海相望，完全可能漂渡成功。非洲与欧亚大陆的陆桥更是畅通无阻。如果再有适宜的气候和广袤相联的森林，灵长类更是如鱼得水，无处不在，也正是气候和环境的限制。新生代第四纪，地球上出现大面积冰川，动植物在分布上变动很大，迁移频繁，北方气候变得十分寒冷，也许就是这个因素，曾经作为灵长类发现地、发源地的北美洲和曾有灵长类分布的欧亚北部，便再无猴迹了。

在我国的始新世地层中，既有近似于狐猴的蓝田猴化石，也有近似于跗猴的黄河猴化石。如今狐猴仅见于非洲一隅的马达加斯加岛。跗猴仅见于东南亚海岛的爪哇，后来，人猿相揖别，也都是靠留下的化石——“几个石头”来印证。

四、狐猴的进化——踏舟而来

仅存于非洲马达加斯加岛的非常原始的狐猴，是现存于世的最古老的灵长类之一，它们曾经广泛分布

黑狐猴

原狐猴

鼬狐猴

于欧亚大陆。可以断定，狐猴并非起源于马达加斯加，而是通过可能存在过的陆桥，或者根本就是飘洋过海渡到这里的。有一种叫 Adapidae 的猿猴家族，虽然不具备现存原始灵长类特有的梳齿，但一直被认为是狐猴和跗猴的祖先，并在始新世从北方南下，辐射到非洲，这种古老猿猴的化石在阿尔及利亚的始新世和中新世地层中都有发现。大约在始新世晚期，一个偶然的机会，部分古猿猴横渡莫桑比克海峡，在马达加斯加登陆，因为该岛与旧大陆分隔，茫茫海水挡住了大型食肉动物的干扰，在这个没有大型哺乳动物，同样也没有其他灵长类竞争者的舒适环境里，优哉游哉，无忧无虑，单独进化了 3000 万年，发展壮大，演化成一个类型多样的狐猴大家族。

现存的狐猴有各种真狐猴、大狐猴、倭狐猴、指猴等 20 余种，这还不包括灭绝不久的许多地栖和树栖种类。因为，在世界各地发现的灭绝了几千万年的狐猴的化石，在马达加斯加岛刚刚消失 3000 年，可以说，它们的最后绝迹完全是人类登岛所致：大批的地栖灵长类，与世隔绝，世代繁衍，与树栖种类相安无事地进化生息，人类（马来人）最初登上马达加斯加岛，无论如何也不会任凭猴子和自己共享同样的资源——食物，以上是关于马达加斯加猿猴来龙去脉的一种说法。

还有一种说法，似乎更加离奇，认为马达加斯加狐猴来自南美洲，横渡了大西洋。咋听有些荒唐，说来却也不无道理。在始新世，两大古陆漂移得尚不如今天这么遥远（这是部分古地质学家的说法），也可从世界地图看出一些端倪：南美洲的布兰科角与非洲的几内亚湾正好呈凹凸之势，当时隔海相望，两块大陆最近距离不过百十海里，狐猴的祖先如果遇到顺风顺流，几天就能完成漂渡；而如倭狐猴这些有蛰伏习性的猴子，在一棵漂浮的树干树洞里，一睡 3 个月，就足以完成这千年等一回的漂渡了。加上非洲大陆至今没有狐猴类分布过和遗存、辐射的痕迹，那这个推断似乎就更顺理成章了。还有一种可能就是马达加斯加岛在大陆漂移时代，是从南亚分离而来，而非非洲。

五、懒猴的进化——慢猴先行

懒猴，尽管非常原始，但其出现的时间比狐猴要晚得多。最早的懒猴化石出现于2000万年前的非洲东部肯尼亚松霍的古地层。3个属的古懒猴，有两个似乎是现代婴猴的祖先，其骨骼形状显示出跳行运动的步态；还有一个则近于现代金熊猴、树熊猴的祖先，脚骨不如前二者的长，应该为慢爬型的猴。中新世早期，亚非陆桥上森林茂密，懒猴的祖先从非洲得以北上，紫气东来，辐射到亚洲的低纬度地区。在印度西瓦利山的中新世地层里也有过一种类似懒猴的化石，时间约为1100万年前，但由于其个体太大，姿态特化而使其难以作为亚洲懒猴的祖先。究竟亚洲懒猴是不是来自非洲呢？为什么更加灵巧的婴猴没有来呢？目前的一切尚属臆测，或许都还是未解之谜。

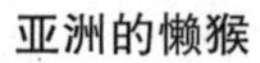
亚洲的懒猴

非洲的婴猴

六、南美阔鼻猴——溯本求源

新生代第三纪，随着巴拿马地峡的重新上升，南北美洲动物区系发生剧烈迁移，在这一过程中，13个科的北美洲动物种类扩散到了南美洲，使南美洲的许多动物由此发生灭绝；同时，还有7个科的南美洲动物进入北美洲，但其基本在低纬度范围，扩散程度没有超过北纬25度。

南美洲的僧面猴

南美洲又称新大陆，这里的灵长类有一个共同特征，即均为阔鼻猴类（因两鼻的鼻中隔宽阔而得名）。曾有很长一段时间，南北美大陆是相联的，可以假定，南美洲的灵长类是从北美洲进化而来的，它们从北美洲南下，经巴拿马地峡或诸岛屿，迁往南方，是气候迫使它们南迁还是环境压力所致？反正南美大陆，特别是亚马孙流域的热带雨林是最适合猿猴栖息

白喉寡妇猴、伶猴

浅毛色的为巴西东南的绒毛蛛猴；深毛色的为亚马孙盆地的绒毛猴

的乐土。目前所知最早的到达南美洲的灵长类是一种叫 Branisella 的与伶猴体态相仿的猴子，它在玻利维亚的渐新世地层被发现，时间在距今 3100 万年前。在牙买加，还发现了一种叫 Xenothrix 的灵长类化石，前后所发掘的化石达 8 个属，但都见证了同一特性：阔鼻、树栖、中等身量。这些阔鼻猴的祖先是沿着什么路径来到南美的尚无确切证据。

七、亚非狭鼻猴——源远流长

1. 狭鼻猴的史料

狭鼻猴又称新大陆猴，因两个鼻孔的鼻中隔很薄而得名。相对于阔鼻猴，狭鼻猴的化石资料相对丰富，从渐新世到现代的旧大陆，无论是热带、亚热带都持续发现灵长类化石。最早一批狭鼻猴的化石发现于埃及的尤法姆盆地的渐新世地层，其中的渐新猴是生活在 3000 万～3500 万年前的灵长类，体型仅有松鼠那么大，但已具备了现代狭鼻猿猴的齿式。另外，有两种埃及猿猴分别是 2800 万年前和 3000 万年前的，而距今 3700 万年前的渐新世灵长类化石是被认为迄今发现的最早的高等灵长类，对其识别依靠骨骼辨认，全身的骨骼以头骨为先，头骨的分析又以牙齿为要。从骨骼遗迹看，这些远古的猴子体重约 4～6 千克，呈四足型运动，树栖生活，具有立体的视觉，牙齿具 3 个前臼齿，这些体型构造都与现代猿猴接近，推测它们是现代猴科动物的祖先。

在埃及和利比里亚，还发现有 1800 万年前的中新世的猴类化石，几乎全是双脊齿型，4 个齿尖由两条横贯的齿冠相联，这已是典型的猴科动物的牙齿了。

八、猴科动物的分化

从肯尼亚维多利亚湖马博考岛挖掘的距今1500万年前的中新世中期猴类化石证实，已经有了食叶猴类与杂食猴类的区别，即猴科动物已经分化为疣猴亚科和猴亚科。

1. 疣猴亚科

从中新世晚期即1000万年前的疣猴牙齿化石上，可知现代疣猴的雏形已经出现，因为它们具备了现代食叶性猴类的高高的齿尖。

至少在950万年前，一种大型的猴已经从非洲进入欧洲，而后，欧洲的食叶性的猴又向亚洲辐射，因为，在中东如伊拉克的杜胡克地区有叶猴类的生存遗迹，亚洲最早的叶猴类遗迹见于印度的西瓦利克山，而真正的非洲疣猴则以非洲东南部的上新世地层两处发现的疣猴化石为代表。

2. 猴亚科

比疣猴即食叶性的猴类晚一些，猴亚科也是走从非洲北上欧洲路径，因为在阿尔及利亚发现有类似叟猴的上新世晚期猴化石，时间大约为600万年前。同时，在地中海沿岸及欧洲腹地也有发现。在法国南部的佩克尼昂，发现一种距今450万年前的猴类化石，从骨骼类型看，比较像猕猴。在欧洲南部，还发现有距今200万年前的类似狒狒的猴亚科化石。

猴亚科进入亚洲的时间也比疣猴晚。目前，在亚洲，从距今300万年以前的地层中还很难找到猕猴一类猴的化石。在印度的西瓦利克，曾经发掘出200万年前的猕猴类化石，类似的猕猴化石在中国也有发现。在更新世，日本与亚洲大陆仍有陆地相联，大陆动物和日本动物多有往来，日本猕猴便是证据。

3. 非洲猴亚科动物的3条进化主线

在非洲，从上新世起，共有3条主要的猿猴进化线索：一条为狮尾狒；一条为狒狒、山魈、白睑猴；一条为长尾猴。

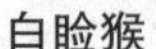
白睑猴

长尾猴中的绿猴

（1）狮尾狒：从肯尼亚挖掘出的一颗400万年前的牙齿化石可知，在更新世，狮尾狒就已经漫步在从阿尔及利亚到好望角的非洲大地了，且与现代种类差别很小，这些随处可见的猴类以草叶、种子为食，同当代狮尾狒大同小异。狮尾狒的化石多见于河谷地区，并且常常伴随河马的遗骨化石一起出土。人类的

狮尾狒

出现是后来的事情，但人类一出现就成为狮尾狒生存的最大竞争对手，因为人类也以植物种子为食。由于环境压力，狮尾狒渐渐从平原低地消失，如今，仅见于或者说仅仅残存于埃塞俄比亚高原。

（2）狒狒家族：从挖掘于肯尼亚的500万年前的化石得知，当时的狒狒还不具备现代狒狒的吻部棱角和下颌的脊骨，体型中等，呈半地栖生活。上新世晚期，狒狒开始发生辐射进化，逐渐形成变种，从南非到埃塞俄比亚都有其踪。从埃塞俄比亚奥莫河发掘的狒狒化石看，当时至少有3个属的狒狒生存。同样，它们因为人类的出现而日趋衰落；所幸，它们在人类的生存竞争和捕杀压力下，凭借坚韧的适应性存活下来，并且成为稀疏干草原乃至沙漠生境的特化灵长类动物，从山魈和白脸猴的进化路径，即可看到它们保持至今的树栖属性。

（3）长尾猴家族：猴亚科的一条进化主线是森林灵长类，在非洲，包括长尾猴、赤猴、喀麦隆猴、短肢猴的大大小小的长尾猴，进化时间尚难确定，因为化石记录很少。最早的记录为上新世晚期，发现于肯尼亚的长尾猴化石。从解剖学特征看，长尾猴当初为地栖，随着环境的改变而逐步改变，成为今天人们看到的树栖者了。

阿拉伯狒狒

长尾猴

赤猴母子

赤猴（雄性）

九、类人猿的进化简史

在灵长类分类中，类人猿亚目包含了新、旧大陆猴及各种无尾的猿类（长臂猿和猩猩）。以下介绍的类人猿，仅指进化程度较高的各种无尾猿类。

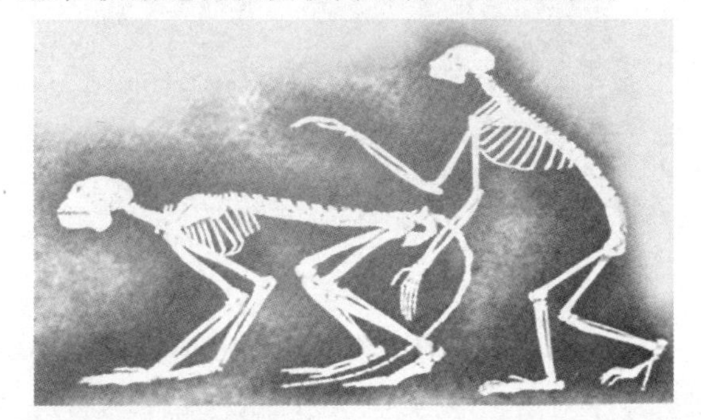
类人猿是从地栖到树栖、从爬行到直立而逐渐进化的

1. 最早的类人猿

哪种猿类出现得最早呢？有人认为是发掘于埃及渐新世地层的埃及猿，是名副其实的“猿猴”，它介

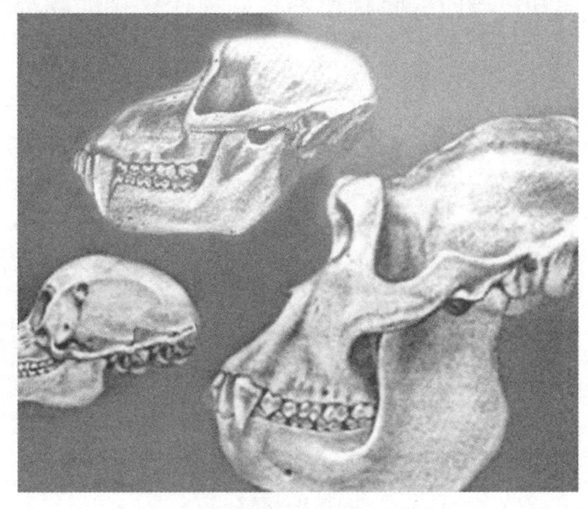
类人猿脑量随进化而逐渐增大

于猴和猿之间，并由它发展成为中新世和上新世的森林古猿。但是也有人认为，最早的古猿应属发掘于肯尼亚和乌干达的中新世早期（1500万~2300万年前）的灵长类化石，它的个体几乎与现代的黑猩猩一般大，已经堪称为“猿”了。

2. 森林古猿

在中新世中期（1000万~1350万年前），欧洲有一种森林古猿（又称林猿），后来在非洲、亚洲也均有发现。这些早期猿类具有较大的门齿、下臼齿具备“Y-5”齿冠，犬齿与珐琅质的臼齿相对，并呈现切咬面。从其形态特征看，是以食果为主的树栖猿类，推测它们是现代猿类的直接祖先。

3. 腊玛古猿

几乎与森林古猿同期（900万~1500万年前），在非洲和亚洲出现了一种“腊玛古猿”，最早是在印度的西瓦利克山的中新世和上新世地层发掘，所以也被称为西瓦猿。腊玛古猿与森林古猿的关系比较近，下臼齿亦为“Y-5”齿冠。不同的是，腊玛古猿的门齿和犬齿都很小，臼齿相对较大，臼齿的珐琅质较厚，这些特征表明，此时的古猿已经具备了适于研磨和咬压坚果的牙齿。腊玛古猿地栖生活，群居，并可离开森林到稀疏干草原和林间开阔地觅食度日。从印度发掘的两块腊玛古猿的颌骨看，上颌开始缩短，与人类更为接近。至少，1400万年前至1000万年前的腊玛古猿可以称得上是从猿到人的过渡阶段的早期代表了。1980年，中国科学家在云南禄丰也发现了腊玛古猿的头骨化石，时间大约为1400万年前。这说明，中国也是人类的起源地之一。

4. 猩猩类

腊玛古猿的另一支的后裔是黄猩猩，因为黄猩猩的臼齿也具有相当厚的珐琅质。在中国中部和南部，在爪哇、加里曼丹、苏门答腊也都发现有更新世早期的黄猩猩的牙齿，都说明黄猩猩在亚洲大陆曾经生存过。

现代黑猩猩和大猩猩的进化路径还没有确切史料，但普遍认为森林古猿是它们的祖先，至少是从1500万年前至700万年前的森林古猿的一支分离出来的。从森林古猿遗存的的臼齿化石看，臼齿齿釉较薄，判断它们是以水果为主食，营树栖生活，起码生存在森林里。

5. 南方古猿

古人类则不同，具有较厚的齿釉，生活在地面而非树上，杂食。继腊玛古猿之后，上新世至更新世早期（850万~150万年前），生活在非洲和亚洲的南猿及南方古猿是从猿到人过渡阶段的后期代表，因为最早是在非洲南部发现而得名，后来在非洲东部、亚洲东部、亚洲西部均有化石出土，这是一种已直立行走的能够利用天然工具的灵长类，可以称之为“猿人”了。

6. 长臂猿

这些仅存于东南亚的无尾的、小型的类人猿，其祖先化石却在非洲发现，有人认为它们的最早代表是渐新世的原上新猿，也有人认为是发掘于肯尼亚的中新世早期地层的距今1800万年前一种灵长类。在欧洲中新世中期的地层中也发现过小型的长臂猿化石，被称为树猿和细猿。在印度的西瓦利克山发现的一颗长臂猿牙齿是距今1000万～800万年前的长臂猿化石，是迄今为止早期长臂猿和现存长臂猿硕果仅存的联系。中国也有长臂猿的化石遗迹，那是到了更新世的中期（200万年之前）了。

人亚科和猩猩亚科——同属于灵长目人科。

十、人猿相揖别

类人猿的分类在过去的几十年中已被修订了数次。最初，这个群体仅限于人类和他们已灭绝的近亲，而其他类人猿则被划分为一个单独的科——猩猩科。这个定义仍被许多人类学家和非法律专业人士使用着。不过，这个定义促成了猩猩科并系类群，而多数分类学家现在正鼓励单源群体。因此，许多生物学家考虑将人科包括猩猩科作为猩猩亚科，或者是限制后者只能是猩猩以及它们那些像巨猿一样已灭绝的近亲。这个分类法遵循了单源归类，尤其是人类的近亲形成一个亚科——人科。

黑猿与“裸猿”

一些研究人员至今仍将黑猩猩和大猩猩归类在人属中，而其所描述的关系却为大家所普遍接受。

非洲黑猩猩

非洲大猩猩

有人在研究许多已灭绝的原始人，以此来帮助我们了解现代人类和其他现存的原始人之间的关系。这个科中一些绝灭的成员包括巨猿（Gigantopithecus）、始祖人（Orrorin）、大地古猿（Ardipithecus）、肯尼亚人（Kenyanthropus）、和南方猿人（Australopithecines）、南方古猿（Australopithecus）和傍人（Paranthropus）。

虽然划归人科的确切标准尚不清楚，但这一亚科一般包括这些物种：他们97%以上的DNA与现代人类基因组共享，并且展现出一种语言能力，或者是超越类群的简单文化。像精神状态特征、同情及同情受欺骗这样的天赋的心理理论，是一个区分成熟的人类与原始人之间不同的颇具争议性的依据。人类约在4岁半时获得这种能力，然而从来没有人能证实也没有人反驳大猩猩和黑猩猩发展了心理理论。这也是一些类人猿科属之外的新世纪猴的情况（例如：僧帽猴）。然而，如果没有能力去测试早期原始人类的成员，如直立人（Homo erectus）、尼安德特人（Homo neanderthalensis）和南方猿人是否具有心理理论，而忽视从它们生活伙伴中看到的相似之处是很困难的。尽管明显缺乏真正的文化和显著的生理和心理差异，有人还是认为红毛猩猩可能也是满足这些标准的。这些科学的辩论为提倡类人猿人格体现了文化学社会学的意义。前不久，我到周口店古猿人遗址附近的一个小学讲座《猿猴漫谈》，当我感慨地说，如果那些古猿还幸存着，该有多好啊。可同学们的反应令我大失所望，因为他们说：不好！

注意，事实上，黑猩猩的遗传基因与人类有近99%是相同的，它们有语言，能使用工具，有复杂的心理活动，由此我们会不停地追问，究竟人类是一种猿（有的人类学家为人类起名为“裸猿”），还是猿（几种猩猩）就是一息尚存在地球上的另一类人呢？

十一、类人猿的地位之争

由于人类和其他类人猿之间密切的遗传关系，某些动物权利组织认为非人类的类人猿是人，应给予基本的人权。一些国家已经禁止用类人猿做研究，不允许用类人猿作任何科学测试。

2007年初，奥地利发生了“为黑猩猩争取人权”诉讼案。20世纪80年代，有人从西非的热带丛林捕获了2只雌黑猩猩，准备用作艾滋病和肝炎的实验。此事被奥地利动物保护协会得知而受到阻止。但由于经费不足，黑猩猩们很有可能被卖到国外充当实验动物。于是平时悉心照顾黑猩猩的两位动物权利维护者聘请律师起诉，要求维护黑猩猩的“人权”。他们认为，对类人猿的歧视也就是物种歧视，物种歧视无异于人类中的种族歧视和性别歧视。

美国韦恩州立大学科学家古德曼及同事最近发现，在黑猩猩和人的基因组图中，99.4%的DNA位点都是相同的，因此他们认为黑猩猩应归入人属。

20世纪70年代，有一些人提出应该给黑猩猩、大猩猩和猩猩这些类人猿与人一样的待遇。1993年他们出版了一本名为《类人猿计划》的书，详细阐明了他们的观点和立场。他们认为应该给黑猩猩（还包括大猩猩和猩猩）跟人一样的“平等社会地位”。所谓“平等社会地位”包括3项基本权利：其一是生存权，不能对它们进行随意捕杀；其二是自由权，要保证它们的自由，不能随便被关进笼子里；其三是不应受虐待。除了这3项基本权利外，这些人还要争取使黑猩猩等类人猿的权利和利益从法律上、经济上和政治上得到保护。这些人在为黑猩猩争取“人权”的时候在科学上还没有太多的根据。现在，分子生物学家从人和黑猩猩基因组图的相似性上给它们提供了强有力的依据，也许国际社会不久将会掀起一场别开生面的“人权”运动。

十二、大型类人猿项目组织的观点

Pedro A. Ynterian 博士，大型类人猿项目（简称 GAP）组织的成员之一，他认为从生物学观点出发，人与人之间的 DNA 差异在0.5 之内，而人与类人猿之间的 DNA 差异只有 1.23%，与其他种属动物明显不同的是，人与类人猿之间甚至可以相互供血，所以人和类人猿在起源上是非常亲近的。事实上，今天我们已经知道，黑猩猩和倭黑猩猩在 200 万年前和人类拥有共同的祖先。正所谓：猿猴与人类，均为灵长目。

GAP 组织认为，利用类人猿进行医学实验，马戏团、公园和娱乐表演可以认为是一种奴隶制度，就和公元前人类将同类归于个人所有并认为其低人一等一样。另外，开发森林使类人猿的自然栖息地减少，破坏了生态系统的平衡，造成了类人猿数目的大量减少。

第四章 分布——自天南地北，在亚非拉美

世界猿猴分布区域（▇）

一、动物区系与猿猴的分布

动物区系也叫动物地理，是1876年英国博物学家华莱士（Wallace. A. R，1823～1913）提出来的。他在归纳前人理论基础上，根据动物分布特点，把地球陆地化成6个动物区系或称地理界：古北界、新北界、东洋界、澳洲界、旧热带界、新热带界。在这6个界中，澳洲界（即大洋洲）和新北界（即北美洲）两地没有猿猴分布，其中澳洲界从来没有过猿猴的踪迹，而新北界的猿猴已经消失了。

1. 古北界

本界大多为温带气候，从酷热的北非到寒冷的西伯利亚，生境相差悬殊，植被类型为落叶林、草原、干燥沙漠、冻土带。

古北界是以欧亚大陆为主的动物地理分区。涵盖整个欧洲、北回归线以北的非洲和阿拉伯、喜马拉雅山脉、秦岭以北的亚洲。

在欧洲，除了直布罗陀的一个引入种——叟猴

叟猴

外，整个欧洲大陆没有任何野生猿猴；在北非也只有生活在摩洛哥、阿尔及利亚的叟猴；在亚洲，有中国特产的金丝猴，有产于中国河北山区、号称是中国猿猴分布北限的直隶猕猴（北纬40°20′），有产于日本本州青森、号称是世界猿猴分布北限的日本猕猴（北纬41°20′）。可以说，在古北界，目前只分布有猴科中的疣猴亚科仰鼻猴属的一种和的猴亚科猕猴属的几种，而且多在古北界的南缘。

2. 东洋界

本界为热带、亚热带气候，植被类型主要为混交林、阔叶林、热带森林草原、亚热带森林、热带雨林、季雨林。

东洋界是东南亚的动物地理分区。包括印度、马来西亚、秦岭以南的亚洲、印度尼西亚、巴布亚新几内亚附近岛屿等。

本界生物多样性丰富，分布的猿猴种类繁多，包括叶猴的所有种、猕猴的大部分种类、仰鼻猴的所有种、跗猴（眼镜猴）的所有种、懒猴的所有种、长臂猿的所有种以及长鼻猴、黄猩猩。从原始的懒猴、跗猴，到进化程度很高的长臂猿、黄猩猩，有大大小小的灵长类近百种之多。

3. 旧热带界

本界有沙漠、大面积的稀树干草原及高山冻土。主要植被类型属于稀树干草原、热带雨林、亚热带森林及少量高山植物区。

旧热带界又称埃塞俄比亚界，包括撒哈拉沙漠以南的整个非洲大陆、马达加斯加岛、北回归线以南的阿拉伯半岛。

在非洲大陆，分布着较原始的树熊猴、金熊猴以及各种婴猴；猴科中的白睑猴、短肢猴、赤猴、长尾猴、山魈、狒狒及疣猴诸种；还有猩猩科的黑猩猩、倭黑猩猩、大猩猩。阿拉伯狒狒不仅生活在非洲大陆，而且见于红海对岸的阿拉伯南部。

山魈

在马达加斯加，这个世界第四大岛，分布着与大陆截然不同的各种原始狐猴，包括各种真狐猴、大狐猴及指猴，共20余种。

红疣猴

整个旧热带界共有百余种猿猴，是世界上猿猴种类最丰富的地理分区。

4. 新热带界

新热带界大部分属于热带、亚热带气候，热带森林极其广阔，南美的南部有部分稀树干草原、草原、再向南是温带。

新热带界包括中美洲的墨西哥、西印度群岛和整个南美洲大陆。本界分布着别具特色的阔鼻猴类，包括卷尾猴科的卷尾猴、夜猴、伶猴、松鼠猴、僧面猴、丛尾猴、秃猴、吼猴、蛛猴、绒毛蛛猴、绒毛猴及节尾猴，共40余种，还有狨科的狨猴、狷、倭狨、金狮狷近30种。新热带界中的所有猴类均分布在南美洲北纬20°~30°之间，另外，还有些放养于加勒比海群岛的绿猴，为引入种。

二、猿猴分布的生境

除了猴科动物的少数种类外，多数猿猴分布在热带、亚热带地区，在南美洲的北纬20°至南纬的30°之间；亚洲北纬41°至北纬10°之间及非洲除撒哈拉以外的多数地区。在南北极、大洋洲、北美洲及欧洲，均无猿猴分布。这种现象，一方面反映了猿猴的进化、生存状态，另一方面也反映出猿猴对植被环境的依赖程度。有一句话说："树倒猢狲散"，没有植被，便没有这些生灵。

世界上的猿猴主要栖息于三大植被群落：一是热带（亚热带）雨林，二是热带草原，三是介于二者之间的稀树干草原。

热带雨林是猿猴分布最集中、种类最丰富的植物群落。热带雨林见于南、北纬10°之间的低海拔地区。包括南美洲的亚马孙流域的一部分；中非刚果河流域的大部分；马达加斯加岛的东岸；几乎全部的马来西亚半岛；印度、越南及缅甸的一部分。我国热带雨林分布在台湾南部沿海、海南岛和沿广西海岸、云贵边境。在亚洲，这些地域的代表物种为长臂猿、黄猩猩、蹈猴、懒猴等。

黄猩猩

热带草原与稀树干草原是从森林向草原的过度地带，面积最大的稀树草原为非洲中部和东部从赤道至北回归线之间两千多千米的广阔区域。从森林到平原、从潮湿的南部到干旱的北部，生活着各种猿猴，大致由南向北有序排列：疣猴、短肢猴、长尾猴、白睑猴、赤猴、狒狒，其中赤猴和狒狒是地栖性最强的草原猴类，长尾猴之一的绿猴，有些也属于草原型。

实际上猿猴主要的分布区还是森林，热带、亚热带雨林中的多种类型的森林群落：原始林、次生林、沼泽林、红树林、走廊林、山地林、季风林。由于猿猴多为树栖，所以，就从树林的类型看一看猿猴分布的规律：

热带原始林多为未曾被人类开发的自然林区，四季高温多雨，年降水1500~4200毫米，平均气温

狒狒

24～28℃，适于多种猿猴（大至大猩猩，小至鼠狐猴）的生存。热带次生林多遭到采伐，猿猴生境被干扰，以至于一些猿猴被迫改变习性，如马达加斯加岛树栖的狐猴，在地面也变得善于奔跑了；热带沼泽林本来人迹罕至，为猿猴理想的世外桃源，大水之上，南美秃猴隐藏林间，可以避免猛兽的袭击。红树林是海岸特有的常绿灌丛和小乔木林带，长鼻猴栖身其间，以海桑等红树植物为食。走廊林是沿河生长的林带，河岸水草丰沛，树冠交生，形如拱桥，可供猴子过往。山地林也是猿猴理想的出没场所，在非洲乌干达海拔 3000 米高的山地，生活着身型伟岸的山地大猩猩；在刚果、扎伊尔海拔 4000 米的高山上，闪现着枭面长尾猴的身影；少数猿猴见于落叶、阔叶林、甚至高山的针叶林、混交林——中国的金丝猴、特别是滇金丝猴，称得上温带高山分布最高的灵长类了，其所在森林呈垂直分布，它们也随季节变化而高低迁徙。季风林属于热带落叶林，有几个月的旱季，无降雨，树叶脱落。在印度次大陆、中南半岛及中国的南部均有热带和亚热带季风林，生活于此的典型的灵长类动物是叶猴，特别是长尾叶猴。由于旱季食物短缺，部分灵长类进化出了蛰伏的习性，马达加斯加岛的倭狐猴、鼠狐猴都能夏眠。

以树为家的叶猴

一个巨大的森林生态系统中，自然具备着生物的多样性，包括许许多多的植被群落。森林至少有 4 个层次——灌丛层、次级层、中层、上层。距离地面最近处为灌丛层，包括最高不超过 8 米的矮树；次级层为树荫覆盖的、树冠垂落区域，最高处达 16 米；中层为树冠旁枝滋生的位置，高度可达 36 米；36～45 米以上的高度属于森林的上层，是树冠的顶端层。

即使在一座由高低不同的各种植物群落构成的森林中，多种猿猴的活动特点也各不相同：一般在森林

金丝猴

的垂直结构中，上层为林冠层，供猿猴攀援和隐蔽、瞭望；中层为觅食层，供猿猴休息、躲避空中猛禽的袭击和作为“运动走廊”；下层多为灌木，为猿猴觅食、饮水、捕食、玩耍和休息之地，是猿猴最理想的嬉戏场所。

为避免食物竞争，各种不同种类的猿猴各有自己的“生态位”，在森林中的活动错落有致，例如在同一林中，勒氏长尾猴主要活动于树的低层和觅食于地面；蓝长尾猴和红尾猴则见于树冠层；树熊猴与金熊猴也常常同栖一林，但树熊猴多在高达 20 米、阳光充足的树冠活动，找水果吃，而金熊猴则常常隐身于灌丛找虫子吃，各得其所。

在多数人的观念中，这些猢狲尖嘴猴腮，都是一个词——猴子。但同是猴子，同种不同地、同地不同林、同林不同处，同处不同群。

猕猴

第五章　形态——外形虽各异，貌合神不离

让我们对猿猴的外部特征进行分析。

一、体毛

所有的猿猴均浑身披毛。不同的种类，在体毛的质地、色泽、构造上呈现一定差异：夜行的原始猴类多具绒质体毛；中国的金丝猴和南美的金狮狷具有丝质的金色毛。相比之下，猩猩类则具质地比较粗糙的体毛。猿猴的毛色五彩缤纷，毛色在种类之间的辨认作用上意义重大。人们常常凭毛色作为动物种类和性别的辨别依据之一。如黑狐猴，雄性黑色，雌性却是棕黄色；黑长臂猿也是这样。是雄是雌？是哪种？还是哪个亚种？往往区别于毛色。如中国分布3种金丝猴，川金丝猴是纯粹的金色毛，滇金丝猴又名黑金丝猴；黔金丝猴又名灰金丝猴，主要是根据它们毛色的金、黑、灰的成分多寡来区别的。在猿猴之间，毛色也有相互辨别、防止杂交的作用。

川金丝猴

黔金丝猴

白臀叶猴（因其体毛色泽艳丽，又被称为五色叶猴）

那么，猿猴的毛色究竟有何功能呢？

首先是伪装，伪装色对狒狒一类地栖灵长类十分

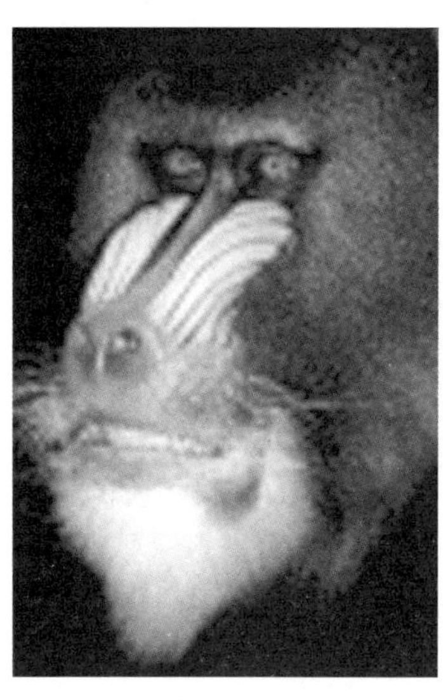
花脸猴——山魈

重要，其灰黄色的躯体与苍茫草原或嶙峋裸岩溶为一色，使食肉野兽很难发现。如马达加斯加岛雨林中的大狐猴那黑白混杂的条块、斑驳的色调，就使人难以一目了然。

其二是毛色能唤起同类的注意力，节尾狐猴经常翘起黑白色相间的尾巴，无疑在同类之间起到呼朋唤友的信号旗的作用。南美夜猴那深色额头上的浅色三角斑，在黑夜里足以引起同类的注目和认同；在非洲密林中，长尾猴不下 20 种，它们相互之间就是根据身上的色泽和面部的斑迹来相互区别的。山魈的面貌是个特例，这种“花脸”的大猴，鼻子为漆亮的猩红色，鼻两旁为胀起的蓝紫色，而且，这些面色竟然有着与生殖器和性皮肤色彩的对应和模仿。故而一些人类学家也有红唇对应的是阴唇的说法。

毛发和体毛的长度是否发达，经常与性别有关。雄性狮尾狒和阿拉伯狒狒具备浓密的鬃毛，如同雄狮，在猴群中经常以首领的面目出现。

有些猴类的体毛甚至局部进化得像刺猬，如树熊猴的背毛坚硬如刺，在受到野兽威胁时常常缩头、拱背，用颈部的坚毛对来犯之敌抵挡一番。

颊毛发达——金叶猴

在灵长类中，体毛的稠密程度差异很大，毛的密度最高的是南美的狨猴类，密度最低的是黑猩猩，当然。黑猩猩在遗传基因上是最接近人类的动物了，比黑猩猩的体毛更稀疏的当属人类，只是不像黑猩猩那么浑身披毛、毛色黑暗罢了。

理毛形为

浓密的皮毛是猿猴对付风雨侵袭及温度变化的可靠保证，也是防止蚊虫叮咬的天然外衣。猴毛就像鸟羽一样，也需悉心呵护、修饰，因而，自我梳理与相互梳理就成为灵长类不可或缺的社会行为了。

二、皮肤

皮肤是动物身体的外膜，既是复杂的触觉感受器官，又是重要的保护屏障。灵长类动物不具备极地动物的厚厚的皮下脂肪，而浓密的体毛则起到了御寒的补偿作用。绝大多数灵长类分布在热带和亚热带，取暖不是问题。个别生活在北方或高山雪线附近的灵长类，经过长久的进化，出了较长较厚的体毛。有些灵长类能在身体的局部积存皮下脂肪，如倭狐猴在旱季带来之前，大吃特吃，蓄积能量，将脂肪积聚于尾根，以供冬眠中消耗；加里曼丹黄猩猩在夏季产果旺季猛吃一气，积累体内脂肪，以便度过食物短缺的季风期。在灵长类中，只有人类将较厚的脂肪聚集于臀、胸部位，这被认为是第二性征。

一些雌性猿猴在发情高潮期，受激素影响，靠近生殖器官部位的组织增生，臀部皮肤肿胀，这种现象称为“性皮肤”。性皮肤肿胀的最大程度为排卵最高期（大约发生在月经后的第14天）。性皮肤包括皮下肿胀充血的液体组织，肤色变得鲜艳、闪亮，或呈卷叠状态，以夸张的粉红之色吸引着异性的眼球。这种现象只发生在旧大陆猴（欧亚灵长类）身上，包括狒狒、猕猴、白睑猴、喀麦隆猴（长尾猴无性皮肤肿胀）。黑猩猩是唯一具有性皮肤肿胀的猿类。狮尾狒的性皮肤则体现在胸前裸皮上，那是一些粉色滴漏状的瘢痕；雌性狮尾狒的胸部性皮肤具有串珠般的水泡边缘，如同胸前的项链，在发情期，水泡被液体充满。原来，在狮尾狒的采食时间里多采取坐姿，近距离中的移动也只是挪挪屁股，因此，胸部暴露时间多于臀部，这样，在胸部为异性提供了有关生殖状态的视觉信号，这与猕猴、黑猩猩等动物的臀部性皮肤有着同样的功能。在孕期，所有猿猴均无性皮肤肿胀发生。

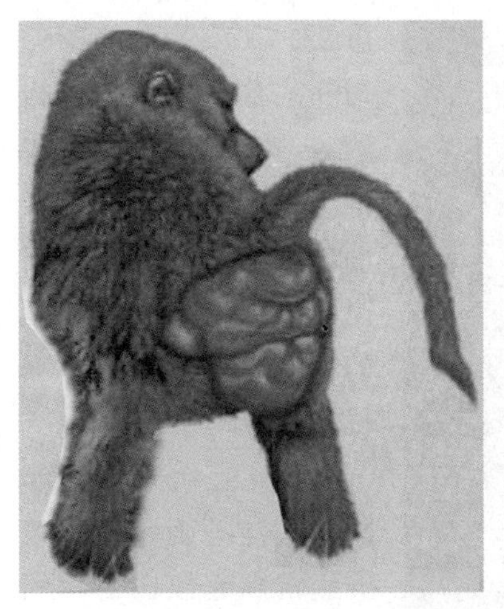
母狒狒（发情期的臀部性皮肤肿胀现象）

在新、旧大陆猴中（即南美与欧亚），许多种类的皮肤局部有色素缺乏的现象，表现为局部的白斑。白睑猴在发出

体毛白化的大猩猩

眼镜叶猴

威胁信号时，常常显露其翻动的白色上眼皮儿；猕猴、食蟹猴、狒狒、狮尾狒也有类似现象。南美夜猴的眼上白斑不仅被认为是识别信号，还能在双目闭合时起到似醒非醒的警醒、防御作用。最典型的皮肤白化，当属眼镜叶猴的白色眼圈和嘴唇了，“眼镜”由此得名。至于罕见的白化猕猴、白化大猩猩等，浑身披满白色的体毛，则是因为遗传基因的突变所致，无规律可言。

皮肤的腺体是动物皮肤的排泄和分泌器官，包括皮肤腺、汗腺、乳腺。皮脂腺是从毛囊部位分泌的油脂，它有保护皮毛的功能。猿猴中，雄性的生殖器部位皮脂腺最多，其次为鼻、口、眼睑，人是灵长类中具备皮脂腺最多的种类。汗腺在哺乳动物中并不普遍，且多限于皮肤裸部，灵长类有两种汗腺——外分泌汗腺和顶泌汗腺。外分泌汗腺又名小汗腺，起调节体温的作用，蒸发分泌汗液，以降低皮肤的温度。顶分泌汗腺又名大汗腺，是一种黏液，在细菌的分解作用下，能造成弥漫于空气中的香味，这种气味是灵长类的社会及性的信号。有的饲养人员就领略过成年雄猴身体上透露的麝香般的香味，也能感受到大猩猩那略带狐臭的体味。顶分泌腺集中于身体的某个部位，如人类的腋窝。节尾狐猴的混合型的嗅腺集中于前臂至腕部，腺体集中区为裸皮或距状（骨刺），当需要散味时，节尾狐猴便将自己的尾巴使劲涂抹于两腕之间，然后扇动其尾，把气味散发出去。许多原始猴类及旧大陆猴的顶分泌腺位于生殖器部位，均有这个作用。

三、乳房

乳房也是一种皮肤腺，存在于雄雌两性。早在1873年，米沃特给灵长类下定义时强调，灵长类具两

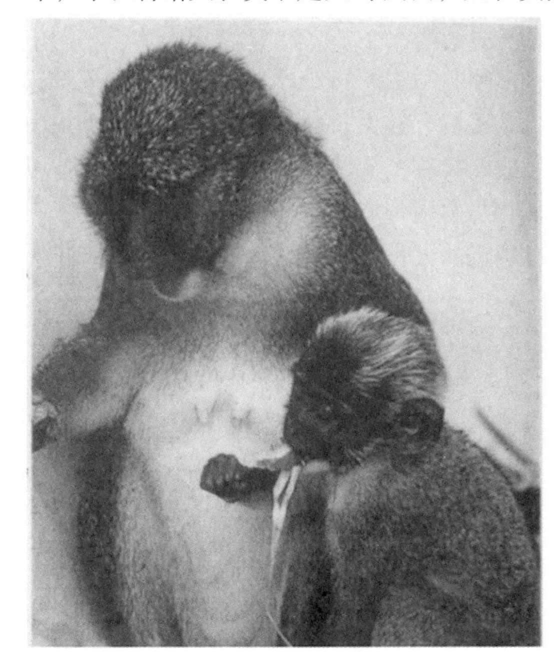
沼泽猴母子

个胸乳……事实上，这个结论并不全面，不仅指猴的一对乳房长在腹股沟部位，懒猴、婴猴、倭狐猴、跗猴等都在腹部长有一对甚至两个以上的乳房。只有旧大陆猿猴具有和人类一样的一对胸乳，这些灵长类幼子通常被母猴抱在胸前。但它们不具备人类那种被脂肪组织充涨、隆起的胸乳。很多新大陆猴的乳房是位于身体侧部的腋窝一带，这个位置有利于幼猴攀附在母猴的体背上，又能轻易地触到乳头。

雌性沼泽猴在哺乳时更是别出心裁，可双管齐下，同时将两个乳头一并塞入幼猴的嘴里，因为它是双乳距离最近的猴类。

四、指甲

许多哺乳动物的指趾端部具爪，但除了狨猴、指猴外，几乎所有的灵长类都具备指甲。指甲是由皮肤演变而成的具有机械性保护功能的角质物。指甲的宽度和形状与末指骨节的宽度相关，该指节越宽，则该指甲也越宽。灵长类拇指（包括大脚趾）特化，末端

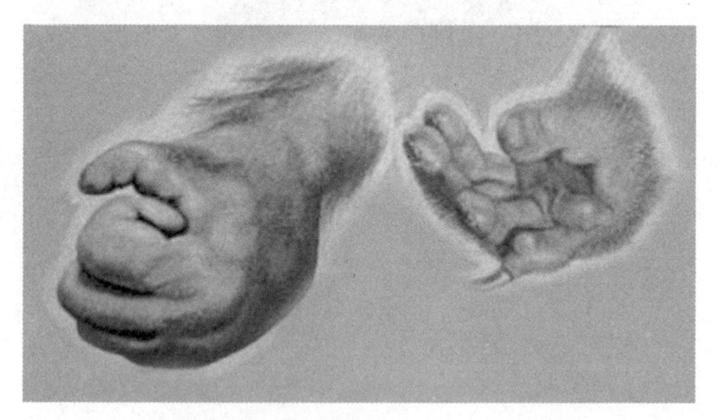

黄猩猩（左）树熊猴（右）的指甲

的指节骨很宽阔，因此拇指（包括大趾）的指甲宽扁，很少弯曲。其他指趾不甚典型，指甲往往有拱状隆起，曲度较大，就像爪子一样。南美卷尾猴的指甲狭窄而弯曲，几乎与爪子没什么区别。旧大陆猴的指甲则平阔得多，但仅有猩猩类具备了近乎人类的扁平指甲。懒猴和树熊猴的指甲也呈扁平。跗猴的指甲仅仅是个遗留器官，起着支撑指垫的作用。所有原始灵长类都具有位于第二足趾的钩爪（又名梳理爪），但跗猴不仅在第二趾，在第三趾也有钩爪。梳理爪其作用就是用于梳理，也可以是人们通常理解的搔痒、抓虱子。

五、胼胝

人不具备胼胝，可能这是一些猿猴特有的。一些灵长类的屁股上具有无毛的、角质的臀垫，这种与坐骨相联的臀垫名为胼胝或臀疣。胼胝无神经痛感，能撑垫体重，让猴子毫无畏惧、舒舒服服地坐在粗糙的枝干或岩石上。多数旧大陆猴的胼胝在出生前就已长成了，而长臂猿虽也属旧大陆猴，却是出生后才长出的。猩猩类没有真正的胼胝，尽管有的猩猩臀下皮肤越磨越硬，并覆盖于坐骨上，但绝不是与坐骨相联的胼胝体。可以说，胼胝体的形成是对坐姿功能的适应，猩猩类和新大陆猴之所以不具备胼胝，是由于它们的睡姿多采取躺卧姿势；而旧大陆猴类，包括长臂猿往往坐着睡觉，故而生成了胼胝。有区别的是：在雄性白脸猴、狒狒及一些猕猴种类中，胼胝体是中部相联的，而雌性的胼胝体则因隔有生殖器而相分。

六、颊囊

在旧大陆猴的猴亚科中，有些种类具有颊囊，这是位于口腔内、臼齿对面的、与口相通的储食囊，在皮肤下，被颈阔筋膜所包，左右各一个，互不相通。这是猴子用来暂存食物的、供过后再慢慢进食的储食袋。在未被食物充盈时，颊囊宽 3 ~ 4 厘米、长 4 ~ 6

南亚的长尾猕猴（正在往颊囊里塞食物）

厘米。当需要吃食时，可以通过收缩面部肌肉挤食入口，有时由于过度的撑张，囊部极度充涨，猴的面度肌肉无力收缩，猴子们便用“手”相助，将食物挤回口中。之所以具备这种构造，是因为猴子往往面临有限的食物资源，这种行为就是一种竞争策略。许多生活在恶劣环境的猴子，为时刻须提防食肉动物的袭击，就得吃一口就走，或边吃边走；同类之间也需你争我夺，争先恐后地进食，长年累月在如此环境压力下，部分猴科动物，如白睑猴、长尾猴、狒狒、猕猴等平原动物便进化成了嘴下的这个囊。凡有颊囊的猴子，都善于狼吞虎咽地抢食，它们先把食物胡乱塞入嘴里，存于颊囊，待安稳下来，再慢慢享用。

具颊囊者均为杂食性的猴子。而疣猴亚科的猴们因是素食，则无需此囊。因为树叶在森林里比较充足，这些生活在森林里以树叶为食的猴子，食物唾手可得，根本无须去争去抢，就没有进化出颊囊来。

峨眉山的猕猴（又名毛面短尾猴、藏酋猴。为中国特有的具备颊囊的一种猕猴）

第六章　运动——上下腾挪移，运动怀绝技

在猿猴的世界里，有能够飞身捕虫的婴猴、跗猴；有举止翻飞如鸟的长臂猿及绰号“飞人”的僧面猴；还有能潜水捞食的游泳能手长鼻猴、日本猴、喀麦隆猴、沼泽猴。但是，它们既不能真的飞翔于蓝天，也无法持久地游弋于碧水，任凭猿猴们怎么折腾，除了人一时凭借发达的工具上天、入地、下水之外，任何灵长类（包括人类）也离不开在陆地上的基本活动。

长臂猿——雨林“飞人”

沼泽猴——湿地精灵

婴猴——昆虫天敌

长鼻猴——游泳能手

喀麦隆猴——潜水高手

陆生动物，有在地下，有在地表，也有在地上生存的，由于没有严格的掘地栖身的穴居灵长类，所以，灵长类的活动空间就只剩下地表和地上（树上）了。尽管限于种种环境条件，灵长类的大家族却进化得异彩纷呈，活跃于大

地之上，它们所具备的各式各样的运动类型，可能超过了任何其他类群的动物。

在讨论灵长类的起源时，古生物学家通过对地球上原始类型的动物化石证据的研究，发现灵长类是从最初的地栖演化为树栖，直至今天，大多数猿猴仍为树栖。更为进化的种类则向臂荡运动和直立行走发展，直至人类。这些运动形式的演变，多少反映了灵长类从渐新世到当代的进化大势。

一、运动类型

猿猴的运动按照其常有的形式，可分为四大类型：垂直攀附及树跳型、四足型、臂荡型（含特化的指撑型）、直立双足型。

在全球6000种左右哺乳动物中，猿猴类有400种，它们大多以身手灵活、体态矫健而著称。许多猿猴能够兼而有之地做各种动作，而非拘泥一种运动形式，人们只是根据其独有或常有的、主要的运动方式，来判断它们是属于哪一类动物。树跳型在地面上可以慢慢地四足行走，四足型也会在树枝上悬吊或臂荡几下，臂荡型照样能短距离地迈开双足直立着走上几步。这几种运动方式的连续相关现象，树跳——四足——臂荡——指撑——直立，显示出灵长类进化和种系发生的一致性。

灵长类运动类型

主要类型	次生类型	主要动作
1. 垂直攀附及树跳型		在树上及枝干间垂直攀附跳跃，在地上双足齐蹦
2. 四足运动型	慢爬	谨慎地攀爬，无弹跳
	在树枝上走、跑	攀爬、弹跳、沿树干跑、跳
	在地面走、跑	爬树、攀岩、在地面走、跑
3. 臂荡运动型	南美的半臂荡型	以尾卷握协助臂荡，无跳跃
	亚洲大陆的半臂荡型	有跳跃，多少有些臂荡
	真正的臂荡	以双臂游荡前行，在树干上或地面偶立双足，举手而行
	变形的臂荡：	
	之一，黄猩猩	攀爬游荡，手脚兼用
	之二，黑猩猩	偶有臂荡，以手背的指节触地而行，手脚并用
	之三，大猩猩	成年无臂荡，以手背的指节触地而行，手脚并用，偶立
4. 直立二足运动型		二足站立、步行、奔跑

1. 垂直攀附及树跳型

以此类型运动为主的灵长类均为比较原始的猴子，包括婴猴、跗猴、大狐猴、原狐猴、绒毛狐猴、鼬狐猴、驯狐猴。此类猴一般后肢很长，且比前肢粗壮有力，当其攀附于树干休息时，身体呈垂直正立状态，双腿在臂、膝部位极度弓曲，足部牢固地抓握在

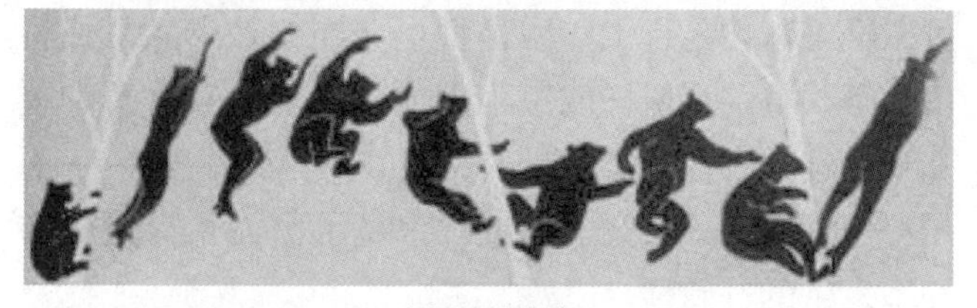

树跳型猿猴

跗猴

大狐猴

树干的枝杈上，前肢撑扶身体，胸腹部位紧贴树皮。当其企图移动位置时，便似青蛙般伸展后肢，双腿齐蹦，弹射般地冲向另一个支撑点——对面的树干。跳跃可正向，也可反跳，并能在半空做 180 度的转体。着落时，足先触及树干，然后又绷紧、弓曲双腿，同

原狐猴

时双手抱树，准备再跳。当有外界压力逼迫时，它们也能将就着在地面上身体直立，双足齐蹦，就像袋鼠或兔子那样跑动。

2. 四足型

以此类型运动为主的动物为狐猴、各种新旧大陆猴以及行动缓慢的懒猴、树熊猴。从化石记录得知，早在上新世就有四足型的猴子，它们四肢等长，无论在树上、地上均以四肢行走奔跑。

四足型猿猴

四足运动型的猿猴含有 5 个次生类型，但都是根据运动速度和自然地势的高低情形，前后肢按照不同顺序配合行动。平常，猴类在行走中，身体平行，右臂和右腿协调迈进，继而左臂和左腿迈动，腿臂同时用力，呈对角线的系列动作。在跳跃、奔跑、攀爬时，

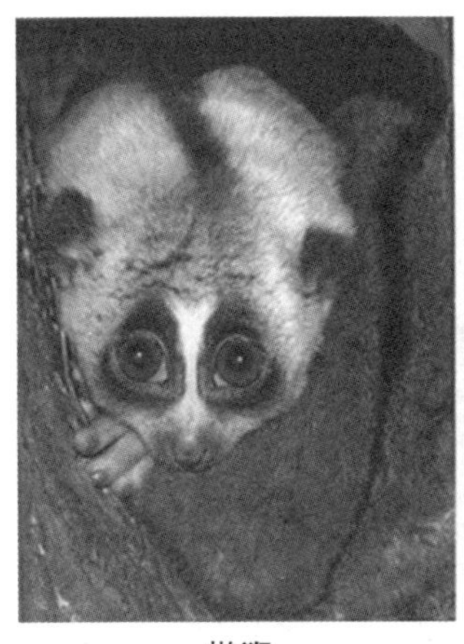
懒猴

树熊猴

半臂荡动作出现，四肢发挥不同的功能。在前肢不能发挥支撑作用时，后肢提供推进力量；而跳跃着陆时，前肢先于后肢受力，这与树跳型的猿猴完全相反，前肢先触及着陆点，或抓到树干。擅长跳跃动作的，多见于食叶猴类（如疣猴、叶猴、金丝猴、长鼻猴）。

疣猴

金丝猴

非洲疣猴和亚洲叶猴均被列为半臂荡的类型。这种次生运动型是从四足型向臂荡型运动的过渡。反映了进化程度与运动方式的一致性。

长尾叶猴

新大陆（中南美）半臂荡的猴具有卷尾，这是对其手足做悬吊动作的一个有效补充，因为它们在手捧果子进食时，卷尾可以独立作用，悬挂自身重量，甚至有些种类的卷尾可以充当一只额外的手。这类猴的尾部具有乳突状的脊面和汗腺，表皮高度敏感。但是，新大陆的半臂荡猴则很少像旧大陆猴（亚非）那样跳跃，只是经

蜘蛛猴（其尾有第五只手之称）

常在高高的地方，如树尖上做惊险的速降动作。

原始猴中，懒猴是步态最为缓慢的四足型，它们举手投足缓慢得像电影里慢动作，凭借其抓握力量很强的手脚求得安稳。据说有个动物园的懒猴逃笼，天亮发现它在一棵树上酣睡，指头紧攥树枝，饲养员怎么也拽不下来，只得锯下树枝，连树带猴一起拿回笼舍。懒猴在觅食中也能四足支撑身体或倒悬其身，但它们从不跳跃和疾跑。

3. 臂荡型

轻舒猿臂是对猿猴举止的一种文学描述，灵长类运动的一个典型形式为臂荡运动。长臂猿和合趾猿是这一运动形式的主要代表，黄猩猩及部分猴类则多少有些类似的臂荡动作。

臂荡型猿猴

长臂猿

臂荡者比树跳者表现出更多的四肢分工的功能差别。这种运动以左右、左右、左右的顺序运动，与直立跨步的顺序相似。随着每个回合的臂荡，身体轮流摆动一次，呈 180 度，即当右臂触及到前方时，身体左转，左臂向前时，身体右转。此类型的灵长类都是前肢长而粗壮，两耳垂肩，双手过膝，猿臂轻舒，后肢只起到辅助的推蹬作用。当它在森林中臂荡前进时，把自身从一棵树投向另外一棵树，穿越在密林的树间空隙处，疾如飞鸟。

猩猩类被列为臂荡的次生型运动。它们体态硕大，偶尔才能表现出臂荡的动作，当然，大猩猩（除了幼年的）从来不以这种方式运动。从解剖学结果看，猩猩类是具备臂荡特点的灵长类，因为它们也有修长的臂、钩状的手、宽阔的胸。可能是环境的因素，使黑猩猩和大猩猩脱离了完全树栖的生

大猩猩

活方式。而生活在森林与稀树干草原之间的黑猩猩，一天中大多数时间为地栖，只在树上睡觉。它们在林中穿行时，通常是在地面走过，只有长臂猿是在林梢掠过。大猩猩几乎完全过地栖生活，除了部分雌体和幼体外，根本不上树睡觉。

4. 指撑型运动

从解剖学特征看，黑猩猩和大猩猩并非正常的四足型运动，也不能真正地直立跨步前进。于是，一种折中的解释，就把它们称为指撑型运动，主要包括非洲的大型类人猿。它们以手背的指关节支撑身体前半身的体重，前肢长于后肢，臂与身躯呈45度的夹角，双足则以掌心平踏地面，形成半直立的体态，臂荡成为向直立进化的中间型。这种从臂荡演化而来的步态，是对地栖生活的适应，由于身体极其庞大，很难再在林间树上臂行，因而，特化为“指撑型”——臂荡型的次生类型。

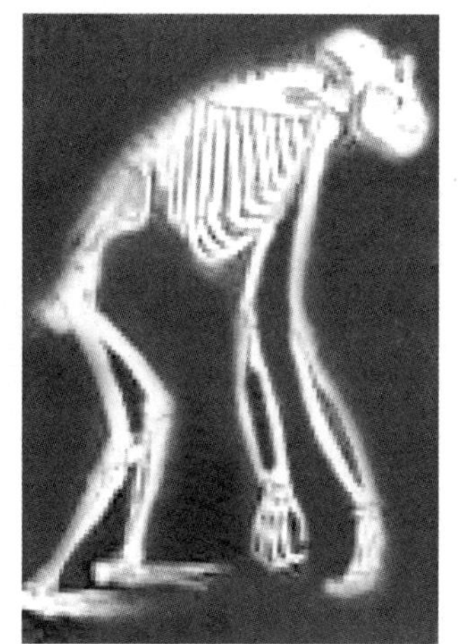
猿（指撑型）

亚洲的黄猩猩却另辟蹊径，走上一条与众不同的道路。它们主要是树栖，每天有15%的时间在地面，移步缓慢，举止慎重，在树上，前后肢都能做出抓握和悬挂动作，特别是表演以脚丫抓树悬挂自身的动作，炫耀倒挂金钟的本事，比其他猿猴都多。在地面上，黄猩猩也使用了与黑猩猩们不同的指行，即它们的身体重量并非支撑于手背的指头上，而是支撑于攥紧的拳头上或手掌上。

5. 直立双足型

可以说，灵长类对树栖生活的适应性之一就是身躯的直立姿势，最早的始新世灵长类可能属于垂直攀附和树跳型，至今，跗猴攀附于树干休息时，身体便是直立的，几乎所有灵长类都能正身坐立，狒狒和狮尾狒在进食和睡觉时都是正身坐立的。

猿类在臂荡中，身体呈直立状态而非四足型动物常有的水平状态。即便四足型运动的猴子，在攀附中亦是这样。许多猴类如赤猴、绿猴、叶猴都能直身站立，猕猴、蛛猴还能走上几步；长臂猿也能晃晃荡荡地躬身屈膝紧跑几步，只是此刻它们长长的双臂显得无所适从，只好举在头顶。

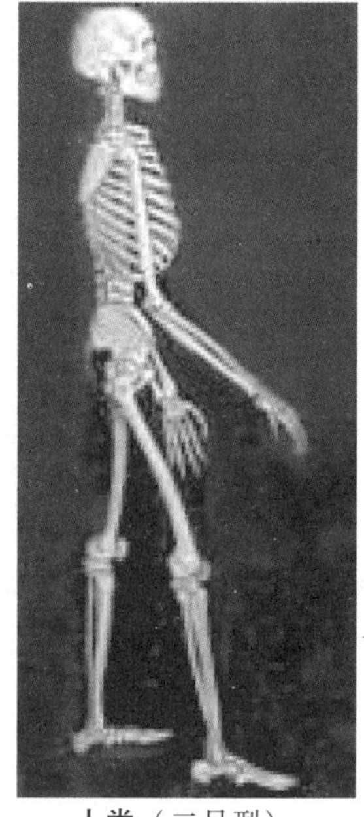
人类（二足型）

猩猩类表现出双足行走的倾向和能力，所以被称为类人猿，只有黄猩猩例外。尽管这样，也只有人类才是名副其实的获得直立行走的习性和生理能力的动物。人类步态的特别之处是所有其他灵长类都不具备的——以直立跨步为体姿的运动能力。

人类直立姿势的获得主要是随着对地栖生活的适应，上下肢分工日益明确、视野拓展、工具的使用等因素所致。因为地栖，人类的祖先需要直立身体以瞭望猎物和躲避敌害；因为站立，上肢逐渐从支撑身体体重的功能中解脱出来，成为专门从事劳作的器官——手。与此同时，下肢则成为主要支立躯体和移动身体的器官——脚。双手的大拇指因使用工具、握物的需要而不断变长；双足的大脚趾因适应地面行走而逐渐缩短，并向其他相应缩短的4个足趾靠拢，足底形成富有弹性的足弓和坚固发达的后跟，整个下肢力量增强、增长，发展为人的双腿和双脚。

除了人类，没有真正能够直立的灵长类动物，所有非人灵长类在直立时，身体都会显得很卑恭地弯曲前倾，臀和膝部显然也是极度弯曲的状态。在猿猴的大家族里，大家都不具备直立的运动器官和身体结构。

二、猿猴的休息姿态

1. 立姿

新、旧大陆的猴类在行进中都有一个特点，即身体呈水平状态，而原始猴类及猿类的身体却呈垂直的姿势。

四足型的猿猴在休息时身体才呈坐立态，而树跳型和臂荡型的猿猴在运动和休息中都呈坐立态。

除了坐立，许多四足型的猴子能够站立着走几步，一些聪明的猴站立时常以尾做支架，使之与脚成三足鼎立之势，常见的如绒毛猴、赤猴。棉头狨在激动的时候常常站立鸣叫，呈怒发冲冠状。旧大陆猴多在手拿食物时双足点地而行。猴子们在站立时无疑可以扩大视野，特别是地栖种类。长尾叶猴可以做片刻的站立，这是为了使身体高出草丛瞭望敌情。黑猩猩和大猩猩双足站立乃是激动中的常有现象，或是进攻的前奏，或为社交的仪式，或为联络的信号，或为炫耀自身，表明其复杂的程度和多样的含义。

2. 卧姿

不具备胼胝体的猿猴、原始猴类、新大陆猴、猩猩类，均以不同的卧姿睡眠。节尾狐猴喜欢面对太阳，正襟危坐，以身体的最大角度吸收紫外线，以围巾般的柔软暖和的长尾覆盖肩头，于半坐半仰中，享受阳光，酣然入睡。

南美蜘蛛猴（尾缠树枝，作为保险带）

懒猴和树熊猴，在睡觉时缩成一团，酷似一个毛球，它们是把脑袋塞进自己的“裤裆”里，抱头大睡。有些猴能平展着身体，爬卧枝头，四肢耷拉着，如吼猴，看似轻松胆大，实则身后还有一个秘密：原来它们有一条保险带——就是缠在树枝上的卷卷的尾巴。

非洲黑猩猩（在打理大树上的卧铺）

猩猩类通常是建一个粗枝大叶的卧铺。黑猩猩显得不厌其烦，每宿都要换一个新铺，在离地面5～20米的大树上建窝。不过，它们的生活很简单，把树枝一拢就行了，造一个窝也就需要几分钟，睡时或侧卧或仰卧，悠闲自在，随遇而安，有时睡觉时还翘着二郎腿。雄性大猩猩因为体态沉重，只能打地铺。黄猩猩也能建造简单的窝。长臂猿则从不造窝，在亚洲热带雨林中，它们的一切起居都在树上，睡觉时把脑袋缩进双膝，紧凑在前胸，雌雄成双，俯身而眠。

第七章　食性——民以食为天，猴以食为先

一、猿猴的食物与营养

食物是猿猴赖以生存的重要条件，同所有的动物一样，蛋白质、脂肪、糖分等供给机体能量，构成组织成分，而营养的获得均需从食物中摄取。

进食的亚洲黄猩猩

蛋白质是构成猿猴身体组织的主要成分，蛋白的摄入，主要来自捕食小动物、昆虫、爬行动物及采食鸟蛋、坚果、树叶。在猿猴的食谱中，食虫和食叶是互补的，食虫者很少吃树叶，食叶者很少吃昆虫。食虫的灵长类主要有婴猴、鼠狐猴、跗猴、狨猬，均为小型猴，从捕捉的活物中获取蛋白；蛾子、甲虫、蛞蝓、蛴螬、毛虫、蚱蜢、蜥蜴、树蛙等均是它们取食的对象。食叶的灵长类主要有叶猴、疣猴、吼猴，尤其是大猩猩，体型硕大，完全从树叶中获取蛋白，叶子在其肠道里经过酶的转化，蛋白分解为氨基酸，从而被吸收。无论昆虫还是树叶，所含的蛋白质干物质均在20%以上，所以，无论吃虫、食叶，猿猴都能获得同一类营养——蛋白质。

热量的主要来源是脂肪和糖（碳水化合物）。作为灵长类主角的树栖猿猴，绝大部分是杂食，而且以吃果实和种子为主，水果中的糖类、淀粉和坚果中的脂肪是许多猿猴日常的能量来源。水果中富含碳水化合物而缺少蛋白质，为弥补这一缺陷，体型较小的猿猴就靠吃昆虫，体型较大的猿猴就靠多吃树叶来维持所需。狒狒一类的地栖灵长类比树栖猿猴体型大得多，食性也宽得多，其食物包括植物的块根、茎、草杆、种籽甚至动物的肉，以及水果，它们属于广食性，这也是对食物贫乏、环境恶劣的适应。

维生素有特殊的调节功能，虽然不能供应机体热能，也不构成组织物质，其主要功用是作为辅酶成分，调节机体代谢，量虽小，却不可或缺。长期缺乏任何一种维生素都会导致相应的疾病。

动物的营养物质有些从食物中获得，有些则需自身合成。维生素 B_{12} 为所有灵长类所必须，其生理作用是促进细胞发育，调节造血功能。动物的心、肝、肾中均含维生素 B_{12}，马达加斯加的鼬狐猴以仙人掌为食，不吃活的动物，它们身体所需的维生素 B_{12} 从何而来呢？原来，鼬狐猴所食的粗纤维在肠道细菌——微生物作用下，合成了维生素 B_{12}。当含有这种营养物质的粪便被鼬狐猴排泄出来后，它们会再将粪便吃进去，从而摄取到维生素 B_{12}。这种吃粪行为还见于大猩猩。

有一些猿猴有吃土行为，如大猩猩、大狐猴、疣猴等，原来，土壤中含有丰富的微量元素、矿物质，这些元素，有的可作为猿猴机体的组成部分，有的作为参与消化、代谢过程。在野外，猴类自身缺什么元素，就会通过采食补充什么。

二、猿猴的采食行为

1. 采食水果

多数猿猴能进食青绿、苦涩的水果，因而不必跑太远的距离，冒太多的风险就能满足需要。一些猿猴，如蜘蛛猴、黑猩猩则专门爱挑成熟的水果，所以它们的采食范围就需要相对较大；非洲的白睑猴、亚洲的合趾猿、黄猩猩等，偏爱吃无花果，这样，它们为了寻觅到喜爱的果实，就不得不跑得更远。

吃果的长尾猴（水果是多数猿猴的美食）

而生态学家发现，尽管猴类吃果子，但森林因猿猴的存在不仅不枯竭，反而更茂盛，这是因为猿猴的采食，使种籽被传播得更远，经过猿猴消化道的种籽也更易发芽。

2. 采食树叶

叶食性的猿猴体型一般都比杂食性的猿猴大，更比食虫猴类大得多。在灵长类中，食叶比例最大者，同时也是体型最大者就是大猩猩，最大的大猩猩体重可达 300 千克，因为体型大、耗能多，所以，其进食规律很像大熊猫——多吃多拉。

大猩猩总是走走停停，有节制地吃某地的植物，不等把一棵树的树叶吃完，就已经迁往另一个采食点。因为，道理很简单，它们似乎懂得“过度采伐”的危害，倘若逗留在一个地方把树叶吃光、把树皮剥净，就会导致植物死亡。树木死亡意味着未来食物来

源的枯竭。因此，大猩猩有节制地采食是维持植物茂盛的长远之计，是可持续发展的自然之道。

3. 采食花朵

吃花与吃叶对猿猴来讲并无严格界限。少数猿猴却是“采花大盗”，它们季节性地以专吃花朵过活。蠓狐猴专门摘取木棉树的花朵，温柔地舔舐花蕊而不损伤之；考氏鼠狐猴和叉冠狐猴也是嗜食花朵的高手；小狒狒则总是表现出对洋槐花朵的兴趣。

4. 采食草叶

许多猿猴能吃草，食草量占进食比例最大的猿猴就是非洲狮尾狒，这是一种大型地栖猴子，也可以说是唯一一种以草为主食的猿猴。在非洲的埃塞俄比亚高原，林木稀疏，草原开阔，成群的狮尾狒正襟危坐，用手指一把把地将草拔起，再将采到的草用手一撸，草籽便留在手里，然后塞进口中。当吃完一片草地，就挪挪屁股，坐到另一片草地上，草籽、草茎、草根均是其采食对象，而草叶占其食物中的比例高达 90%。由于长期咀嚼草叶，狮尾狒的身体结构出现了某种适应性的变化。首先，其门齿相对于巨大的前臼齿、臼齿，变得很小了，并具有折叠状的冠带；其次，狮尾狒的牙齿具有珐琅质的脊面及咬合面齿窝，很适于切碎草叶。

非洲狮尾狒（又叫红心狒狒。是一种地栖的、专门吃草，以草为生的猴）

找食的黄猩猩

5. 采食树脂

吃脂肪的猴多见于低等的猿猴和南美的狨猴。在旱季，非洲的婴猴、倭婴猴、叉冠狐猴等在雨季里吃不上那随处可见的水果、花朵、昆虫，只好以树脂果腹了。产于非洲南部的一些丛婴猴甚至从不吃水果和树叶，专门吃树脂和昆虫。非洲的针爪婴猴和南美的倭狨也是吃树脂的高手。狐猴类和懒猴类灵长类都具有梳齿，专于咬穿树皮，采食树脂。树脂不仅富含长链的糖分、钙质，而且，不同树种的树脂都含有不同的碳水化合物，这就为食虫的猴子可能出现的食物钙磷比失调做了有益的弥补，因为昆虫体内大都含有丰富的磷质。

6. 应付毒素

植物的枝叶中，不仅含有叶绿素，而且含吗啡、咖啡碱、鞣酸、石碳酸、萜烯、胶乳、皂苷、植物凝血素等诸多成分。动物学家指出，绿叶植物中充满毒素，森林环境险象环生，动物们必须具备鉴别有毒植物的眼力，才能在森林中生活。实际上猴类不仅具备着这样的眼力，更具备应付这些毒素的能力。长尾叶猴常常吃一种含有士的宁的水果，而这种果子却能叫猕猴或人类中毒而死。红疣猴的食谱中，一半是有毒的植物，它们不仅具备选择树种的生存本领，还具备消化分解这些毒素的生理器官。长鼻猴具有很大的袋状胃，胃里有大量的微生物使吃进去的食物得以发酵，毒素得以分解，食入的食物在进入血液前已失去毒性，疣猴亚科中的叶猴、疣猴和仰鼻猴尤其这样。金丝猴能吃女贞叶，别的猴却不能，都是由于它们具备消化大量纤维素——树叶的特殊生理结构。

7. 捕食昆虫

猿猴中，能吃虫子的甚多，但以昆虫为基本食物的猴子却屈指可数，大多数猿猴吃虫子仅仅就是打牙祭、塞牙缝，偶而为之。但也有个别猿猴的确是以虫为食，人们把这类猴称为食虫猴类。猴类捕虫，特别是食虫猴类的捕虫手段主要有 3 种。

第一，慢捕。以四足型运动的树熊猴、懒猴，沿着树干缓慢移步，它们常常抓些反应迟钝的蟑螂、睡鸟或干脆就吃外貌丑陋的、有些吓人的毛毛虫。

第二，快抓。婴猴、松鼠猴、红尾猴、喀麦隆猴等，凭着机敏的速度和准确的判断捕捉昆虫。婴猴总是独自作战，而松鼠猴则群体配合，依靠团队力量围歼昆虫。

第三，刺拨。典型的代表是指猴，这恐怕也是它们最名副其实的特征。指猴耳似蝙蝠，能听出树洞里昆虫的动静，一旦发现便使用尖牙咬穿树皮，把铁丝般的细长指甲捅进虫子窝，把藏得“万无一失”的昆虫给掏出来，可见指猴的捕虫技巧不逊于啄木鸟，而恰恰在指猴的分布地——马达加斯加，没有啄木鸟分布。

捕虫的猿猴还有卷尾猴、蓝猴、狒狒、白睑猴、猕猴、伶猴、狨猸、吼猴、赤猴、食蟹猴及黑猩猩。黑猩猩的钓蚁术遐迩闻名，这也是它们运用工具的一个典型事例。

8. 捕猎小动物

有记载，灰颊白睑猴曾一口将一个蛇头咬掉，然后再将蛇身塞入颊囊。敢于吃蛇的猴还有跗猴（即眼镜猴）。卷尾猴善于捕蛙；长臂猿能捉小鸟；狨猸的食谱中缺不了肉食，成年的猸常常把猎物撕碎，分给孩子们；雄性黑猩猩也会将猎物——小型哺乳动物撕开，分给雌性和幼年黑猩猩享用。

灵长类在捕猎活动中，既有分工也有合作。在长臂猿的家庭中，捕猎者是由雄性但当的；在狐猴的居群里，则是雌性捕猎，雄性看家；一群狒狒在围捕兔子或羚羊的时候，雄性担任追杀的角色，雌性负责拦截，很像野狗或狼的围捕行动；黑猩猩的部落中，雄性长于狩猎——卖傻力气，雌性精于钓蚁——有技术含量。

钓蚁的黑猩猩

9. 饮水

像所有动物一样，猿猴离不开水。由于环境的差异，各种猿猴对水的摄取方式不尽相同。许多树栖猴子根本不到地面饮水，而仅靠咀嚼植物的汁液，或吸吮点滴的雨露获得水分。产于印度的长尾叶猴，在旱季可以几个月滴水不进，它们除了从植物中摄取水分外，还能对自己的尿再利用。

猿猴饮水的方式也各有千秋：卷尾猴以尾悬身，喝水的姿势恰如童话中的猴子捞月；黑猩猩总是技高一筹，把树叶或揉或嚼成海绵状，用手送入积水的树洞里，汲水来喝；狒狒能凭着孔武有力的双手在河床上掘井取水。

马达加斯加的鼠狐猴在预计结束时，尾根积累了足量的脂肪，以备旱季休眠时享用，实际上，这是一种利用脂肪的代谢水来弥补自身水分需求的一种生存术。一般说，100 克脂肪完全氧化能产生 110 克的代谢水，凭着这点水分，鼠狐猴就能度过缺水的旱季。

三、猿猴对食物资源的合理运用

部分猿猴食性的比例（%）

猿猴种类	叶类	果实类	花朵	昆虫及树胶
节尾狐猴	34	47	7	0
棕狐猴	71	25	4	0
大狐猴	57	41	2	0
原狐猴	41	40	8	0
树熊猴	0	76	0	10
艾伦婴猴	0	73	0	25
倭婴猴	0	29	0	70
针爪婴猴	0	80	0	20
丛婴猴	0	0	0	100
棉头狷	10	60	0	30
夜猴	30	65	0	5
寡妇伶猴	4	71	0	20
长矛吼猴	49	42	10	0
红吼猴	15	65	0	20
长毛蛛猴	7	83	0	0
黑掌蛛猴	20	80	0	0
绒毛猴	0	85	12	2
食蟹猴	16	52	5	23
恒河猴	19	72	4	2
灰颊白睑猴	5	61	3	24
冠白睑猴	13	81	2	2
黄狒狒	8	63	3	10
阿拉伯狒狒	7	66	22	0
狮尾狒	46	24	0	0

（续）

猿猴种类	叶类	果实类	花朵	昆虫及树胶
白须长尾猴	8	79	0	10
绿猴	12	48	23	17
蓝猴	21	13	44	20
迪氏长尾猴	9	74	3	5
金腹长尾猴	2	84	0	14
红尾猴	16	44	15	22
白鼻猴	28	61	1	8
喀麦隆猴	2	43	2	36
赤猴	2	52	2	43
黑脊叶猴	37	53	0	0
长尾叶猴	54	37	5	0
约翰叶猴	71	17	10	0
眼镜叶猴	48	46	7	0
黑白疣猴	82	14	2	0
红疣猴	78	33	8	0
白掌长臂猿	34	59	3	10
合趾猿	45	42	4	8
黑猩猩	28	68	0	4
黄猩猩	22	64	3	2
大猩猩	86	2	2	0

表中数字说明，许多猿猴是素食或杂食，基本不吃肉不捕活物，如狐猴、疣猴、叶猴类。而食虫为主的灵长类基本不吃植物的叶，如树熊猴、婴猴类。

尽管食叶性的猿猴食性范围比较广泛，但食叶的比例超过食物总量5%的却不多，表中只有6种猿猴的食叶量超过50%，2种超过75%。昆虫似乎对于动物的营养很重要，但真正吃虫子的猿猴并不多或食虫比例很小，尽管狨狷及伶猴被称为食虫者，但在野外，只有塞内加尔的婴猴的食虫比例达到100%，这可以赶上食蚁兽了。可见，绝大多数猿猴的主要食物还是果实类或杂食类，表中，食果量不超过25%的猿猴仅有5种。

餐后“剔牙”的黑猩猩

留得青山在，不愁没食找。在众多猿猴栖身的热带或亚热带雨林中，水果、坚果、树叶、花朵、昆虫、小鸟及卵、其他小动物应有尽有，构成了猿猴食谱中的日常大餐。

第八章 生殖——猿猴性趣旺，相爱没商量

一、猿猴的生殖器官

1. 雄性的生殖器官

雄性灵长类的生殖器官包括睾丸、附睾、输精管、副性腺以及外生殖器官——阴茎和阴囊。

炫耀生殖器官是雄猴的本能

（1）睾丸

睾丸是产生精子和分泌雄性激素的器官，二者关系密切，不仅精子形成必须有适量的激素参加，而且精子的运送也只有在雄性动物具有正常性行为和第二性征（各种性腺、附睾等）时才能进行，而这些都是在雄性激素的控制和调节下形成的。精子产生后，储存在附睾中，射精时输精管最后从尿道排出体外。

哺乳动物的睾丸有移位现象，归纳起来共 3 类：腹腔型睾丸、腹股沟型睾丸、阴囊型睾丸。许多成年灵长类的睾丸永久性地留在阴囊中，但大多数旧大陆猴直至临近青春期，睾丸才下降到阴囊中，一旦受到外界刺激，睾丸又借助睾提肌的力量缩回腹股沟。一些猕猴在胎儿处于子宫中的后期，两个睾丸已下降到阴囊，出生不久，可回到腹股沟，直到青春期时，才永恒地下到阴囊。

睾丸的大小，在灵长类中差异较大。黑猩猩的较大；个头第一的大猩猩却较小；貌不惊人的猕猴，具有较大的睾丸；懒猴的睾丸虽小，却可随季节的变化而增大或缩小。

（2）阴茎

阴茎是雄性灵长类的交媾器官和排尿通路，由尿道、勃起组织、龟头和包皮组成。其远端由融合的阴茎海绵体扩展成为一个帽状的阴茎龟头。灵长类的阴茎多为圆柱体，龟头的形状有所不同。

原始的灵长类中，婴猴、金熊猴、狐猴、大狐猴等的阴茎骨特化，在阴茎表面覆有角状交合刺或弯曲的钩刺。懒猴、树熊猴、鼠狐猴等的阴茎上有角化的乳头体。

新大陆猴中，阴茎头与阴茎体没有截然地分化开来，狨猴的阴茎头稍圆，或呈卵圆状；卷尾猴的阴茎头短而平滑；蛛猴则具角化的倒刺。旧大陆猴中，阴茎头与阴茎体区分明显，有沟相分。猩猩的阴茎尖端纯圆；黑猩猩的细尖，如同大辣椒；大猩猩的则很少，阴茎头呈卵圆状。

除了蛛猴、跗猴、节尾猴、卷尾猴及人类外，几乎所有的灵长类的阴茎都有一条阴茎软骨。

（3）阴囊

阴囊的作用是保护睾丸并调节睾丸温度，维持精子产生和生存。灵长类的阴囊有前位、旁位、后位3种。前位的为原始猴类特征，但部分长臂猿也有。树熊猴、狨猴、狷属于旁位阴囊并向后位过度，大多数灵长类的阴囊处于后位。人和猿猴的生殖系统有很多区别，人的腹股沟孔封闭，而猿猴的则未必；人的精囊腺不如猿猴的大，人和许多猴类都有尿道球，大猩猩则没有；人的阴茎龟头有紧贴龟头的包皮，猿猴类则没有；有的灵长类出生时阴囊发育良好，内有下降的睾丸，但随后又退缩到腹股沟内，阴囊退化直至青春期再下垂。人的阴囊完全呈悬垂状态，猿猴的呈固定或半悬垂状；人类不具备睾提肌，猿猴则有。

2. 雌性的生殖器官

雌性的生殖器官包括内外两部分，内生殖器有卵巢、输卵管、子宫和阴道；外生殖器有阴唇、阴蒂及尿道前庭。

（1）卵巢

卵巢是产生卵子并分泌雌性激素的器官，同时调节着机体的性周期活动。所有哺乳动物的卵巢是成对的，位于腹腔体壁背后侧，紧贴着肾脏。卵细胞在卵巢中成熟后排出，进入输卵管，在输卵管的壶部受精，然后移植到子宫内膜上，发育成为胚胎，胎儿成熟分娩时，是由子宫阴道产出的。

原始猴类（但包括长臂猿）的卵巢都具有卵巢囊——卵巢与卵巢膜之间的囊，类人猿则没有。跗猴的卵巢明显不对称，其卵巢与类人猿的一样，十分光裸，说明它们较接近类人猿，而非原始猴类。阔鼻猴的卵巢通常厚而致密，比狭鼻猴的大。部分灵长类的卵巢大小如下表（单位：毫米）。

鼬狐猴	4×2×1
蛛猴	16×10×16
猕猴	10×8×7
卷尾猴	13×9×8
绒毛猴	13×4×2
长尾叶猴	20×7×4
狒狒	15×10×8
人类	13×15×10

（2）输卵管

输卵管是卵子和精子结合的地方。卵子受精后称为合子即受精卵，受精卵经由输卵管进入子宫。猕猴的输卵管在接近子宫的部位较直，外侧部位较弯，窄窄的系膜将输卵管连接在一起，全长 50 ~ 60 毫米。多数原始猴类的输卵管高度卷曲。懒猴、狐猴的输卵管卷曲且具有一个紧接卵巢的漏斗端；跗猴的输卵管很短，卷曲程度随着性周期变化而变，在滤泡期最卷曲。松鼠猴、狨猴、绒毛猴的输卵管几乎为直的，但大多数狭鼻猴具有卷曲的输卵管，并紧接着卵巢。

（3）子宫

子宫是受精卵发育成胎儿并供应胎儿营养的地方。由子宫角、子宫体、子宫颈构成，依靠子宫的宽韧带连接在骨盆和腹腔内。子宫内膜含有许多小的分支腺体。雌性动物在妊娠早起，靠这些腺体分泌的子宫乳供养胚胎，以后，形成母体胎盘。同时，子宫内膜的周期性变化是产生月经的原因。灵长类区别于其他哺乳动物的最最重要的生理特征就是月经的现象。

灵长类因种类不同，子宫的状态差异很大：

原始灵长类为双角子宫，位于中间的短短的子宫体头尾各有一个圆锥形状的角，这两个角与输卵管连接——懒猴和狐猴的子宫体长度大致等于子宫角，树熊猴、驯狐猴、大狐猴的子宫角尖长；跗猴亦为双角子宫，但属于单双之间的居间类型，与狐猴相似，外侧角较短，宫颈呈圆锥形，并能与宫体区分开，子宫内膜有类似月经过程的变化，由此看来，跗猴比一般原始灵长类进化程度高很多。

所有的猿猴子宫由唯一的子宫体和一个子宫颈组成，为单角子宫。猴类的子宫颈比类人猿的更加发达，子宫体亦更长。猕猴、蛛猴、狨猴等的阴道宫颈如同一个圆凸，突入阴道穹窿。卷尾猴、蛛猴、猴猴有比较轻度的子宫充血期，类似旧大陆及类人猿的月经。长臂猿和猩猩的子宫较小，甚至小于南美蛛猴。黑猩猩的子宫较大，但次于人类。大猩猩的子宫则比人类的大。

（4）阴道

阴道为雌性灵长类的交媾器官。狐猴的阴道为扁平的管状，笔直地通向阴蒂的基部；婴猴和树熊猴的阴道上皮有明显的周期性变化；跗猴的圆锥形宫颈突入音带穹窿，其阴道穹窿约为子宫的两倍长，并同泌尿生殖窦的纵褶相连接；猕猴的阴道从子宫颈到阴道口都有较厚的肌壁，并具弹性黏膜褶，阴道口与前庭

展现生殖器官的棕狐猴

相同，阴道下段加宽成为较深的漏斗状前庭。叶猴类的阴道和前庭相连接，连接处可以看到一个像处女膜的环状褶。

（5）阴唇

灵长类的阴唇具有明显的多样性。

懒猴只有小阴唇，其外形像两个简单的皮褶，与外阴的边缘相连；金熊猴没有明显的阴唇；狐猴具有较厚的小阴唇，并有一个处女膜覆盖尿道和阴道；鼠狐猴的小阴唇同钩状的阴蒂包皮相连；跗猴比较明显的是小阴唇隐没了阴蒂，大阴唇则有周期性的充血缩涨现象；松鼠猴和卷尾猴的大阴唇酷似阴囊，从而与小阴唇区别分明；猴猴的大、小阴唇均发育充分，形成阴唇垫，在形状、色泽和位置上都类似雄性的阴囊；蛛猴具有可变的、不太明显的大阴唇和位于前庭的小阴唇；狮尾猴和白睑猴都具有肿胀的、界限分明的阴唇，位于阴道口之下、阴蒂下面。

恒河猴和狒狒具有不太明显的大阴唇，位于阴裂两侧的小阴唇则清晰可见；一些高级类人猿的阴唇发育程度在生命的不同过程有所差别，在胚胎期、幼年及性成熟前的个体，阴唇发育比成熟后更好，如大猩猩、黑猩猩、黄猩猩，大阴唇发育良好，但成熟期以后却明显退化。大猩猩中有些保持下来，人类和长臂猿则一生保持有大阴唇；黑猩猩等多数类人猿的小阴唇发育良好，在阴道和前庭连接处有一个处女膜状的加厚阴道黏膜。

（6）阴蒂

灵长类的阴蒂在形状、大小、结构上因种类不同而差异悬殊。

婴猴的阴蒂形如雄性的阴茎；懒猴的中等，阴蒂也长于雄性的阴茎；金熊猴的阴蒂长而薄，位于阴道口的背上方；蜂猴和树熊猴具有短而厚的阴蒂，并在顶端从尿道开口，蜂猴阴蒂的顶端具有顶尖腺，树熊猴的阴蒂尖端则具毛囊；鼠狐猴和斑狐猴的阴蒂短而呈肉质，或带有软骨；狐猴的家族成员多有尿道开口于阴蒂基部的裂口处；跗猴阴蒂较小，并被突出的小阴唇覆盖。

新大陆猴中，狨猴和伶猴的阴蒂很短，雌性狨猴的小阴唇发达，不存在大阴唇；卷尾猴、松鼠猴、绒毛猴、蛛猴、都程度不同地具有大而悬垂的阴蒂，为阴茎模拟型，常常使人难辨其雄雌，尤其在裂口短而不显著时，或仅仅存在小阴唇时，更难区分。旧大陆猴中，阴蒂虽然突出，但无下垂状态。类人猿中，阴蒂通常较大，黑猩猩和大猩猩的阴蒂比人类的还要发达；而长臂猿的阴蒂位于阴门外，有一凹头，但无沟状。

（7）阴道前庭

在低等灵长类中，生殖道的开口处呈现一个长短不等的前庭，与阴道和尿道的出口相连接；比较进化的灵长类的阴道前庭逐渐缩短且较浅，尿道口的腹侧侧面有阴蒂，在起源上与阴茎同源，而且一生保留。

二、猿猴的生殖过程

繁殖后代，延续种族是所有生物的基本属性，猿猴的生殖顺序与大多数哺乳动物一样，包括精子、卵子的形成，发情和排卵，两性的交媾，受精、妊娠、分娩、哺乳等一系列的保障物种繁衍的过程。

1. 发情

发情又叫性欲亢进或性兴奋。此时，雌性猿猴的脑下垂体产生黄体雌激素，促使卵巢中的卵泡发育并成熟，随着卵子的成熟、破裂、排出、释放卵泡雌激素和孕酮，致使子宫壁增厚，生殖道和子宫角水肿，血管增生，宫颈张开，阴道中产生黏液，这时，雌兽做好受孕准备，在行为上主动吸引雄性，做出“邀配”的动作。发情期一般持续 7 ~ 14 天，与排卵期是一致的，如果卵子没有受精，黄体便会萎缩，黄体素迅速减少，子宫内膜破裂，并有少量经血排出，这就是月经。灵长类的性周期与月亮的阴晴圆缺同步，故称月经周期。月经结束时，灵长类子宫内膜遭到破坏，伴有经血现象。灵长类动物发情通常出现在这次月经与下次月经的当中阶段，人们也把雌性第一次排卵发情或雄性的精子开始成熟的时期称为“青春期”，这时的动物体格尚未充分发育，为亚成年期，所以，这时怀孕，胎儿往往发育不良。发情周期可分为 4 个阶段：发情前期、发情期、发情后期、休止期。休止期为两次发情之间的时期。

正在向雄性招摇的雌狒狒

部分猿猴在发情高潮期，由于雌性激素影响，雌猴的外生殖器部位出现异常的充血现象，这种性皮肤颜色变深（多为红色）并肿胀的现象，被称之为“性皮肤肿胀”。性皮肤肿胀就发生于排卵期，但许多猿猴是季节性地呈现这种现象，即一年中有一段发情交配的旺季，如猕猴，多在夏秋食物丰盛之际呈现；黑猩猩全年 12 个月呈现周期性的性皮肤肿胀变化，但 9、10 月份为交配的最好季节。这种发情交配的淡旺季多与气候、植物的生长程度有关。

性皮肤肿胀只出现在部分灵长类的身上，包括部分长尾猴、狒狒、白睑猴、猕猴，黑猩猩是唯一表现性皮肤肿胀的类人猿。它们那鲜艳夺目、极度膨胀的性皮肤（有些猿猴呈现在面部），是向异性呈现的一种卓有成效的信号：我有能力！请来交配！丝毫没有遮遮掩掩，羞羞答答。这种生理现象，对个体繁衍和种族延续来说都是大为有利的。

2. 交配

交配又名交媾。一只幼年动物长到近似其双亲的体态的初期，只能说达到了体成熟，当其生殖器官发育完全，具备了繁殖能力时，才达到真正的成熟——性成熟。性成熟后，雄性猿猴表现出阴茎勃起及爬

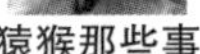

邀配中的猕猴

交配中的猕猴

跨、抽动、射精等性行为，具备性感受力的雌性猿猴则积极地邀配，这样，两厢情愿的双方就能轻而易举地进入交配阶段。

雌性的排卵日为性感受力的高峰期，但不同的种类每个月的性感受时间是不同的：狐猴仅仅 1 天；树熊猴 2 天；叶猴 3 ~ 4 天；日本猴 9 天；食蟹猴 11 天；猕猴 12 天。在性感受的敏感日，雌猴主动接近雄猴，如猕猴中的雌猴主动为雄性“抓虱子”，接受雄性的爬跨、交配要求，并对其他雌性很凶，不让别的、特别是地位低的雌性靠近它的“如意郎君”，唯有它与它的雄性形影不离，整日厮守，频繁交配。如果交配成功，授精成功，雌性的周期性的月经、发情、排卵都会在未来几个月的妊娠期里告一段落。

在四足型灵长类中，交配动作多为雄性爬跨于雌性的臀尾位置，爬跨中，雄性后腿或蹬地、或握住雌性的后腿的踝骨。

臂荡型灵长类的交配姿势异彩纷呈：黑猩猩和大猩猩仍是传统的爬跨；黄猩猩和长臂猿则能够把身体悬吊在树枝上，相互拥抱或贴腹式交配；倭黑猩猩交配时，雌性仰卧，与雄性面对面地进行，这种与人类相同的贴腹式交配姿势，在所有猿猴中都是绝无仅有的。然而猿猴类有些交配行为并无胜利意义，特别是发生在非发情季节，常有交配而没有受孕，甚至还有同性之间的爬跨，有时，交配仅仅是一种排遣或游戏、嬉戏，有时则是雌性对雄性首领的臣服表示。黑猩猩、猕猴都会用这种“卖淫”方式与强者套近乎。

动物的交配，应该说是一种与生俱来的本能，但灵长类中却有例外。一般说，雌性猿猴不需经过学习就能有效地示爱、成功地交配，求爱、交配似乎是它们遗传行为的一部分；而许多雄性猿猴却必须经过学习、观摩，通过观察其他成员的交配场面，并通过游戏或交配演习，才能切实有效地掌握交配技术，否则，尽管达到性成熟，一些公猴、公猩猩竟然会出现对雌性的发情无动于衷、无所适从的态度。

3. 妊娠

妊娠即怀孕，指受精卵在母体内发育直至分娩的过程。交配时，雄性一次射精，进入雌性阴道的精子可达几千万个，仅仅有极少的精子成活，进入输卵管，其中的一个精子能与雌性的卵子结合，形成受精卵，于是，开始了长达数月的胚胎发育期——妊娠期。从受精到分娩之间的妊娠期，实际包括胚卵期、胚胎期、胎儿期3个阶段。大致过程是受精卵在输卵管中发生卵裂，单细胞变成多细胞，三四天后运动到子宫，附着在子宫壁（着床），胚卵（或胚泡）逐渐发育成胚胎，随着细胞分裂数量的增加，胎儿器官渐渐形成，胎儿期对养料的需要量相应增加，因此，妊娠前期，雌性食欲旺盛，代谢加强。一些灵长类的妊娠期见下表。

名称	妊娠期
鼠狐猴	60～70天
倭狐猴	59～70天
鼬狐猴	120～150天
领狐猴	约102天
真狐猴	120～135天
大狐猴	约60天
婴猴	110～146天
树熊猴	约193天
金熊猴	约133天
瘠懒猴	160～174天
蜂猴	180～193天
跗猴	约180天
吼猴	约140天
僧面猴	163～177天
丛尾猴	约150天
夜猴	约133天
蛛猴	约139天
节尾猴	150～165天
狨猴	约145天
倭狨猴	133～140天
猬	约142天
金狮猬	125～134天
松鼠猴	160～180天
卷尾猴	约180天
秃猴	约180天
绒毛猴	120～150天
猕猴	150～200天
长尾猴	150～210天
赤猴	160～177天
狮尾狒	约180天

（续）

名称	妊娠期
狒狒	约 177 天
白脸猴	168 ~ 200 天
沼泽短肢猴	180 ~ 210 天
喀麦隆猴	158 ~ 196 天
山魈	约 250 天
疣猴	140 ~ 170 天
仰鼻猴	约 200 天
长鼻猴	约 166 天
叶猴	168 ~ 200 天
白臀叶猴	约 165 天
合趾猿	约 210 天
黄猩猩	233 ~ 264 天
大猩猩	约 258 天
黑猩猩	约 228 天
人	约 266 天

（引自：部分灵长类的妊娠期）

妊娠期的长短与动物的体型大小相关，但不是绝对的。狨猴体态小巧，妊娠期在 145 天，而比之大得多的领狐猴的妊娠期仅 102 天；号称马达加斯加之猿的大狐猴为该岛体型最大的非人灵长类，妊娠期却仅仅 60 天；喀麦隆猴被称为旧世界猴中的侏儒，妊娠期达 196 天；而体型很大的猴类——狒狒的妊娠期才 177 天。

4. 分娩

雌性猿猴数月怀胎，发育成熟的胎儿和胎盘通过母体的生殖道（阴道）产出的生理过程叫分娩。多数猿猴的分娩是在半夜发生，并包括 3 个阶段：一为开口期，即宫缩急剧，子宫颈口张开，子宫肌和腹垂肌强烈收缩，对胎儿的产出起到了重要作用；二是娩出期，指宫口完全张开到胎儿娩出母体的时期，娩出时幼仔的头颅先出来，随后全身下来，并有脐带相联，这一般不超过两个小时；最后是胎盘期，在胎儿娩出几分钟到十几分钟里，胎盘及胎衣从子宫壁上脱落，随着子宫的收缩排出。

猕猴的生产同人类的分娩一样，忍受着相同的压力与不安。但猴类产程很短，幼仔的头颅尺寸恰好与母猴的阴道大小相同，所以，子宫肌必须收缩才能将婴猴娩出。与人类不同的是，猴胎盘排出后，很快会被母猴吃掉，并自己将脐带咬断。约一个小时，幼猴睁眼并抓住其母的体毛，小生命从第一天起，便进入哺乳期。猩猩类的幼仔的头颅较其母猿的骨盆来说相对较小，所以，分娩相对容易一些。

母猴分娩后，紧张兮兮地咬断脐带，吃掉胎盘，舔干幼仔身上的分泌物，消除分娩痕迹，这是所有野生动物适应自然的一种天性，它有利于迅速逃避危险，躲避敌害。对多数猿猴来说，一个小时左右，婴猴睁眼并主动抓住母体的身毛。由于对树栖的适应，幼年的猿猴成熟很快，刚刚出生的幼仔必须具备足以抓住自身体重的握力，否则就有摔死的危险。成年母猿猴对孩子只是辅助性地扶搂一下——母长臂猿在几十米高的树上杂技般地悠荡，小猿为了避免摔死，必须牢牢抓住母猿的腹毛，生命就抓在自己的手中，别无选择。

怀中有仔的母长臂猿

对于所有动物，特别是对于非人灵长类来说，分娩常常是突然发生的。因为，许多猿猴，即使临产，也看不出什么迹象，并且，分娩常常发生在半夜三更的树上，林深树高，万籁俱寂，为了躲避食肉动物的捕杀，安全地产出幼子，它们逐渐适应在这种情形下生产。

而大型猿类，特别是大猩猩，因为没有什么地面天敌，所以，无论白天、夜晚，无论在树上、在地上均可分娩。

多数猿猴每次产一子，关照幼子是它们双亲共同的责任。平时，背着幼子，哺乳时才交给母亲，幼仔吸吮母乳后再回到爸爸身上。类人猿虽有孪生，但比例很小，每85胎中仅有1对双胞胎。人类也是这样。

小型猴类，如夜行的倭狐猴、鼠狐猴、婴猴等，每次能产几仔。分娩后的头几天，大猴把小猴放置在事先搭好的窝里，需要迁移时，用嘴叼着小猴。

5. 哺乳

发情、交配、妊娠、分娩，直至哺乳，是保证猿猴生殖的紧密相连的几个环节，其中分娩和哺乳之间有着非同寻常的关联，这牵扯到母子之间的相互适应、时间安排、依赖程度和母爱，幼子越是不成熟，对母亲的依赖程度就越深，母子相互作用的时间就越长，即哺乳期、婴幼期越长。

哺乳

哺乳的原理，是从雌性激素和孕酮（黄体酮）受到抑制，前脑垂体腺释放出一种荷尔蒙——催乳激素开始的，这种荷尔蒙对母性的行为起到一种发动和保持的作用，它刺激母体制造含有婴儿所需的各种适当成分的乳汁，由于乳腺的作用，母体乳房肿胀到最大程度，并能自身合成含在乳汁中的分泌物——乳糖，这种糖在身体的其他组织里很难找到，不仅赋予小生命以丰富的蛋白质、微量元素等营养成分，也为其健康成长提供免疫力。因为母乳中含有多种抗体，尤其在初乳中，白浆免疫球蛋白 A 的成分，黏附在幼子的口腔、胃肠黏膜壁上，起到免疫作用，可以预防多种消化道的疾病，而新生儿恰恰缺少这种抗体，没有得到母乳喂养的幼子，其发病率较高。哺乳将持续到幼子长出乳牙为止。当雌性体内的那些刺激乳汁产生的荷尔蒙缺乏时，乳汁的生产便会减少，乳房随之缩小，恢复原状。

6. 发育

婴幼期是指从分娩到长出第一颗恒齿的发育阶段。各种灵长类的婴幼期长短不同，系统进化程度越高的物种婴幼期就越长，例如狐猴 6 个月，一般的猴子则 1 ~ 2 年，黑猩猩 3 ~ 4 年，人类 6 年。这期间，婴儿在食物与安全方面完全依赖父母，特别是母亲，母子关系是灵长类向社会化发展的自然基础。

少年期是猿猴在食物上基本独立，即断奶期。但在安全、逃生等方面还都依赖母性的庇护，有很多本领需要掌握，如觅食、通讯、社群行为等。

当猿猴个体逐渐长大，情窦初开，它们身上的稚气便被日益增加的青春期迹象所代替，这时，体格发育日趋成熟，即体成熟到来，但性成熟尚不充分的个体，开始离开父母，自谋生路，许多种类的亚成年的猿猴结成“光棍帮”，并在极富进攻性的居群中过活，不断获得社群生活的经验和自我控制的能力，它们有些是发育完全的，但若想进入繁殖居群，就必须通过实力的竞争、“王位”的争夺，否则，这些半大小子与雌性的交往、特别是交配的机会是微乎其微的，这种竞争上岗、优胜劣汰的选择，一方面保障了繁殖群体中雄性个体的质量，另一方面，为这些亚成体掌握求生本领、学习社会生活提供了机会。虽然在青春期，由于轮不上与异性的接触而被延长了，但这对灵长类的个体行为的完善、种群质量的提高、物种的延续是有用的。

部分灵长类发育时间表

名称	妊娠（天）	婴幼期（年）	少年期（年）	成年期（年）	寿命（年）
狐猴	120 ~ 135	0.5	2	11 以上	14 ~ 15
猕猴	165	1.5	6 以上	20	27 ~ 28
长臂猿	210	2	6 以上	20 以上	36 ~ 40
黄猩猩	264	3.5	7	30 以上	40 ~ 50
黑猩猩	228	5	10	30	40 ~ 50
大猩猩	258	3	8 ~ 10	27	40 ~ 50
人	266	6	14	50	70 ~ 80

第九章　社会——森林小社会，猿猴大作为

一、从直布罗陀猿说起

从世界地图上找到地中海，能看到在扼守通往大西洋的战略要地上有个直布罗陀，这是一座位于西班牙南端的海港城市，图上却标注为英占。这是18世纪初叶发生的事情。有趣的是，与英国占领军前后脚登上直布罗陀岩岸的还有一种人类的灵长类亲戚——叟猴，又名直布罗陀猿。虽然这是一种人为引入的猴子，却能令欧洲人自豪一番。他们说，整个北美洲、整个大洋洲、整个两极没有一只猴子分布，而我们欧洲就有一种“叟猴”。

蹲在大炮上的直布罗陀猿

其实，叟猴（即直布罗陀猿）只是一种短尾猕猴，是唯一一种“冲出”亚洲的猕猴，因为除此之外，所有的猕猴均产于亚洲。尽管从化石历史看，欧洲曾有过猕猴分布，但是已湮没于自然进化的长河之中了。野生叟猴的自然分布在北非的阿尔及利亚和摩洛哥，是非洲撒哈拉以北的唯一一种猿猴，它也是非洲大陆上唯一的一种猕猴，它在300年前被人引入西班牙的直布罗陀并一直在一种扑朔迷离的传奇色彩中生活。

据说，在1779～1783年的战争中，叟猴曾恰如其分地向驻守英军发出有西班牙人将要进攻的通报。事实上，是西班牙人偷袭时进入了叟猴们栖息的领域，引起它们抗议的鼓噪。英国人却由此有备而战，稳操胜券，以后便对叟猴的存在十分看重，甚至迷信地将其视为英国人在此盘踞的象征物。其实，这只是对猴子表现出社会行为中的领域行为的一个巧妙利用。

二、猿猴群居的类型

社会行为又称社群行为，是指种群团体内部的个体彼此相遇及相遇后的一系列相互作用，某个个体的

行为是受同种其他个体的行为刺激而发生的，或者是作用于同种其他个体身上的行为。这种两个以上个体之间的各种交往与联系行为叫做社会行为。凡是群居的动物，必然发生社会行为。

实际上，地球上的动物还没有绝对的独居者，尽管有些动物一生中大部分时间都是踽踽独行（如许多猫科动物），但是，出于繁衍后代的需要，出于雄雌交配之目的，在发情期，异性必须聚合，这就表现为季节性的群居。在哺乳及育幼期，雄性会逍遥而去，母子总得相依为命，幼年动物、特别是幼年的灵长类要经历一个较长的行为培养和学习阶段，包括生存训练、觅食学习、生殖学习、试错学习等，使其更适应未来生活中对付各种环境变化和控制自我行为。所有的灵长类都有程度不等的社会性群居，较有代表性的群居类型包括：几雄群居、单雄群居、雄雌分居、家庭群居 4 个类型。

1. 几雄群居

几雄群居即几夫多妻的群居类型，这在灵长类中为数众多。原始猴类、新大陆猴、旧大陆猴及巨猿类，无论树栖、地栖，都有此种类型的群居者，并都有雄性体型大于雌性体型的特点，地栖类猿猴尤其明显。在一个猿猴的群体中，几只凶悍的成年雄性并存，可想，其气氛是多么紧张，特别是在雌性发情期间，难免争风吃醋。为了避免内耗，多数灵长类都有“排座次”的习性，即“大王、二王、三王”，这种等级顺序，在雌性中也同样有效。

银背大猩猩

部分典型的几雄多雌猿猴群体

种类	居群总数	成年♂	成年♀	亚成年	幼年	性比（♂: ♀）
节尾狐猴	23	6	9	4	4	1: 1.5
棕狐猴	12	4	5	1	2	1: 1.25
黑帽卷尾猴	16	3	4	7	2	1: 1.3
长毛吼猴	18	4	8	2	4	1: 2
黑掌蛛猴	33	8	15	6	4	1: 2
猕猴	18	4	8	2	4	1: 2

（续）

种类	居群总数	成年♂	成年♀	亚成年	幼年	性比（♂：♀）
绿狒狒	45	6	14	20	5	1：2.3
红疣猴	20	3	7	8	2	1：2.3
长尾叶猴	54	6	19	15	14	1：3
黑猩猩	43	6	22	6	9	1：3.6
大猩猩	15	2	5	5	3	1：2.5

几雄群居的主要特点是：每群中含有几只成年雄性及大约两倍于雄性的成年雌性。

雄雌个体的比例在出生时大致相等，由于这种群居结构是雄性的部分个体称为多余，这些多余者被排除在繁殖群体之外，一般命运多舛（如日本猴的亚成年雄性总有被撵出群体的，它们或孤独地生活，或在居群周围游荡，伺机入群），只有雌猴和幼猴才是居群的基本成员。

影响几雄群居的社会因素之一是“大王”对下属的宽容程度。如，大猩猩居群中，仅仅有一个完全成熟的、具有银灰色后背的雄性首领，它年富力强，11～13岁，身上有无可争议的特殊标志——银背，它就是“大王”，而其他任何尚未黑背的成年雄性都不够资格做“大王”。当居群中的另一个雄性长到银背（即具备了“竞争上岗”的自然条件、社会经验和性成熟标志后），常会遭到居群首领的不容，这位后起之秀多被撵走，成为森林中的“光杆司令”，直到伺机进入某个失去银背首领的居群或者自己“招降纳叛”、“招妻纳妾”建立一个居群。也有例外。在卢旺达的一个山地大猩猩群体中，当银背首领的儿子接近成熟时，便与其老爹同掌山门，一起统治居群，虽然每逢雌性达到发情季节，爷俩的关系有点紧张，但它们还是以和谐稳定的大局为重，求同存异地共处了多年，这种颇有“世袭”意味的居群被称为“异辈雄性群居”，是单雄型居群的中间类型。

有时，单雄型和几雄型居群的差别很小，这要视猿猴所处的生境而定。生境富庶，食物丰盛，能维持很大的居群，就容易形成几雄居群；生境贫瘠，食物短缺，居群规模就会受到限制，就容易出现单雄型居群。例如，同是黑掌蛛猴，在巴拿马密林为几雄群居，在墨西哥山地则为单雄群居。类似的例子还见于长尾叶猴的种群。

2. 单雄群居

单雄群居及一夫多妻的群居类型，指一个雄性具有两个或更多的配偶，这种类型为贫瘠生境的适应型，多见于地栖的猴类，如赤猴、狒狒、大猩猩、长尾叶猴等。一群猿猴中，仅有一只成年雄性，它不允许任何其他雄性染指它的雌性，包括自己的儿子也被视为“祸害”，稍能独立生活的小公猴，就被驱除出境。单雄群居中的性比例比较悬殊，从1雄2雌到1雄15雌，甚至更多。

一个个体能否独占这么多的异性配偶，一方面取决于卵子和精子能获得结合的机会以及受精的同步程度，另一方面就要看这位猴王所占有的“嫔妃”们是否集中成群并能得到有效保卫和控制。雌性猿猴总是成群结队生活，形成居群的基本成分，而进入亚成年的雄性则被驱除，离群索居，或者就赖在居群的周边，或结成一个全雄群体——“光棍帮”。

3. 雄雌分居

分居类型又称孤独型，实际上世界上任何动物都不能绝对独居。婴猴、懒猴、倭狐猴、树熊猴、指猴都是夜行性的灵长类，它们通常独往独来，单独觅食，有些种类甚至孤独生活多年，但它们一生必然是曾经群居过或有过季节性的群居生活，否则，是无法生儿育女、繁衍后代的。分居或孤独也可被视为特殊的单雄型群居类型。例如，一只雄性树熊猴，虽独居一隅，却与几只雌性为邻，过着季节性的群居生活。雌性各有各的家——巢域。各个巢域的边界相互重叠，而处于几只雌性中间的雄猴的巢域与所有雌性的巢域又都有交叠，雄性定期到各家（即雌性的巢域）“临幸”（交配）一番。每只雌性树熊猴的巢域约有7.5公顷，在边界地带，它通常用尿或性生殖器的腺体分泌物制作嗅迹，就像狗撒尿一样，向异性发出有关自己生殖状态的信息。若有发情排卵的“短信”，雄性便会闻讯而来，进行交媾。

指猴因夜行而双目发亮

鼬狐猴、鼠狐猴、狮尾狒等均有类似的分居类型，以一只雄性为核心，与几只雌性相毗邻，该雄性看似独居，实则拥有几房“妻妾”，只不过不是朝夕厮守而已。而处于外围的雄猴能参加生殖的机会微乎其微，它们才是真正的孤独者。但在外围的这些雄性始终不会死心，一旦有机会，这些雄猴便会乘虚而入，特别是处于核心区域的雄性遭到不测时，外围的雄性便会及时补位。

除了发情季节，一些低等的猴子总是独居或分居，如鼠狐猴、婴猴均有白天聚群而眠、夜晚分头出击的规律。然而，印度尼西亚雨林中的昼行性巨猿——黄猩猩也过着夫妻分居的生活，除了生殖季节外，雄性黄猩猩总是独往独来，平日所见的居群多为母子构成的群体，在巢域分布上也同夜行性灵长类相

似，几只雌性黄猩猩竟然也是各有巢域，边界互叠，一只完全成年的雄性便居住在它们巢域的拱卫之中。

4. 家庭群居

家庭群居及一夫一妻制，又名单配制，指雄雌两性个体彼此占有，双亲共负育幼之责的群居模式。若配偶一方把力量消耗在其他个体的婚配上，那就会使幼体减少或失去生存机会。灵长类中单配制仅见于树栖种类，包括大狐猴、狨猴、卷尾猴、伶猴、夜猴、跗猴、白睑猴、长尾猴、部分叶猴及全部长臂猿。

一夫一妻的白臀叶猴

单配制的群居由一雄一雌及若干子女构成。长臂猿属于典型的单配制群居，每个长臂猿家庭包括一对夫妇及儿女，顶多6个家庭成员，其居群规模受到成年长臂猿的控制，当一只幼年长臂猿长到7岁左右时，便被双亲毅然驱赶、逐出家门，常常是母猿攻击其女，公猿攻击其子，最终，这些亚成年的长臂猿开始独自生活，先是孤苦伶仃，直至与另外一只有同样遭遇的异性邂逅，便自己“拜天地”，自立门户，组成一个新的家庭。

南美洲的狨猴和狷的群体是扩大了的家庭群居，每群成员可多达12个，这与传统的家庭不同，由于成年猴子的宽容，幼子长成后，并不是动辄被赶走；在居群中，只有居于首领地位的雄雌夫妇有权生儿育女，其他家庭成员，尽管下属也发生交配现象，却无权繁殖后代。

三、猿猴生存的范围

1. 巢域

巢域，又称巢区、家区、家域，指某群个或某动物经常性的活动区域。巢域不必由居住者亲自防守，而界限由这个区域的树木、岩石等标志物构成。这个边界与相邻巢域的边界互有交叠。每个巢域的核心区为猿猴食物的资源地（如这里有猿猴爱吃的水果）和安全庇护地（有供隐蔽逃生的环境），如树木、河塘、供栖息的岩壁等，是猿猴日常生活必不可缺的地方。

所以说，巢域由食物、水源、隐蔽物这些动物生存环境的三大要素构成。

在干旱贫瘠的地区，动物的巢域通常很大，而热带雨林中的动物巢域范围则较小，这是因为热带雨林具有三维空间——长、宽、高，若雨林高达80米，树栖的猿猴可以充分利用高度而无需走出很远便可觅到丰富的食物。印度丛林中的瘠懒猴的巢域仅仅30米，而非洲草原上的狒狒，因只能利用二维空间——长和宽，它们为了果腹，不得不跑出更远的地方，有时一天要奔波几十千米觅食。

季节不同，猿猴们对巢域的利用程度也有变化。在肯尼亚，雨季里狒狒可能走得远些，因为雨季水源充实，集群不必死守某个水源或采食点；而旱季则出现几个狒狒居群共享一个水洼或泉眼的场面，这个水源便成了各个巢域的结合部，当几个群的狒狒心平气和地聚集在某地喝水时，大都谨小慎微、平心静气（特别是在成年雄性之间），以免发生争端。

一对狒狒

2. 领域

领域是猿猴生存范围中另外一种形式，它指一块地盘为某个猿猴居群所独占并受到该居群的成员的保护、坚守。

尽管灵长类被人们称为万物之灵、万物之长，但猴类却不曾学会像松鼠或仓鼠那样储藏食物，猿猴的食物完全靠一年四季的自然出产、天赐之现成食物。在热带雨林，食物是有保障的，水果、树叶、昆虫、水分应有尽有，所以，这里的居民便各自守护、占据着地盘，保卫着它们生存的领域范围，不允许其他同类染指、越界。

长臂猿的呼叫很有意思。每天清晨，它们都会亮开嗓门，有板有眼地呼鸣。这种仪式般的声音，是在宣布自己领域的所在，也是吸引相邻同类共聚于边界或边界的空间地域，这是一个具有礼仪形式的场面，双方雄猿吵骂般地对吼，但通常“君子动口不动手”，只在自己的领域内干叫，没有身体接触和伤害，以保持居群间的距离。也有异性相互吸引、对歌，或夫妻合作的二重唱的浪漫之音，如倭猿的叫声，似乎表示共守领域的决心，又像互诉衷肠，先由雄猿独唱，再由雌猿戏剧般地对唱。长臂猿有严格的领土意识，栖息地仅限于自己的领域内。长臂猿又喜好聚会，热衷社交，因此，成熟了的年轻长臂猿，虽被逐出居群，但通过呼鸣，可以相互吸引，就能很快找到配偶，喜结良缘，建立自己的家庭和领域。

以领域的方式利用空间的灵长类还有大狐猴、节尾狐猴、伶猴等。

一只即将成熟的长臂猿

巢域和领域的主要区别是：巢域不用防守，与相邻巢域互有重叠，而领域则必须进行防守，领域与领域间无相互重叠。

四、灵长类群居的作用

群居，又称集群，也是动物利用生存空间的方式。灵长类无论是怎样的方式生活，都要结群而居。那么，灵长类为什么要聚群呢？不怕增加个体之间对有限的食物资源的竞争吗？

早年有人研究指出，灵长类群居的主要动力是性吸引，即雄性受到雌性发情的吸引。然而许多雌性猿猴的发情期很短暂，节尾狐猴在一年里仅有两周发情，却能常年过着雄雌比例相当的、平稳的群居生活；松鼠猴的发情期持续一个月，它们也是整年群居在一起，最大聚群规模达到300只，只是在非繁殖季节，它们分别以雄性群居、雌性群居及青少年猴的子群居；喀麦隆猴也有类似的群居习性，一年里，大部分时间雄雌分群而居，只有在交配期的两个月中，雄性才进入雌性的居群中。另外，凡是夜行性的、独行的灵长类，多为原始类型的种类，而愈是进化程度高的种类，群居性愈强。由此可见，灵长类之所以群居，并不单纯是性的吸引，而是有着重要的生态学意义。

1. 有利于繁殖和育幼

异性相聚、相交是繁衍后代的前提，居群提供了更多的繁殖选择机会。母子的相互作用，哺乳、传授经验、幼体在群体中的行为学习、个体之间的感情依附等都有利于猿猴的传宗接代。

2. 便于共同取食

上百只的松鼠猴可以有效地对昆虫群起而攻之。狒狒、黑猩猩的猎捕活动都是通过分工合作而完成的。大群的猿猴，因为有更广泛的环境接触，也便于发现、找到食物资源所在。

3. 有利于改善小环境、小气候条件

分布于温带高山的金丝猴，对付寒冷的办法之一是围坐一堆儿，相互拥抱。群内的温度相对稳定，对弱者是一个极为重要的防寒措施。

山魈兄弟俩

4. 安全、御敌的需要

猿猴群体有一定的分工合作，常有担任“哨猴”的警戒猴为大家望风。许多双精灵般的眼睛总比一双眼睛更容易发现天敌。

群居，使猿猴们汇聚成力量、温暖、经验互补的团队，它超过任何一个个体的力量。由于集体的力

量，许多猿猴才胆敢冒险地从树上下到地上，过起了地栖生活，从狒狒的群体防卫行为便可深刻地了解猿猴集群的深层原因——在非洲的热带草原，漫游着几种狒狒：绿狒狒、黄狒狒、阿拉伯狒狒、几内亚狒狒、豚尾狒以及狮尾狒，它们的生存往往暴露在食肉动物的视野中，随时有与狮子猎豹、野狗等遭遇的危险，因此，每当狒狒出发觅食时，总以严格的防卫队形前进，一旦与野兽相遇，居中的雄狒狒便会吼叫报警，其他雄性马上分别护卫在队伍的首尾，将雌幼夹在当中。一只豹子来袭，壮年狒狒首当其冲，上前迎敌，群中雌、幼狒狒趁机撤退，最后，那只豹子竟被公狒狒犬齿裸露、鬃毛倒竖的气势所逼，甘拜下风，讪讪而退，终于化险为夷。在险恶的环境里，结群而居起到了举足轻重的作用。若是孤独一只狒狒，在险象横生的辽阔草原，就很容易被捕杀。

团结抗“豹”的狒狒

在狒狒的防御系统中，不仅有狒狒成员，还常有斑马、羚羊、斑羚、角马等食草动物，这种“特混联合体”，自然有其取长补短的安全意义。狒狒聪明伶俐、视觉敏锐，食草动物具有敏感的嗅觉和听觉，因此，结成了统一战线防御食肉猛兽。体格纤细的羚羊也可以借助狒狒强悍的御敌能力躲避猎豹等天敌。

由此可见，群居是灵长类的不可或缺的生存方式。

五、猿猴的行为

1. 等级行为

社群等级，指在一群动物中，各个动物的地位是有一定顺序的，其基础是支配、从属关系。等级行为又称优势行为，这是群居动物从后天获得的经验中建立的一种社会行为：弱者见到比自己强的对手，无论在食物资源、栖息地选择、寻求配偶等方面都采取你进我退的战术。于是，居群中形成最强者为“大王”，仅次于大王的地位的是“二王”（老二），依次为老三、老四，依此类推。

灵长类中，多有这种严明的等级即统治序位。等级行为对猿猴种群来说是有利的，它可以最大限度地减少群内争斗次数，避免不必要的伤亡。若动辄肉搏、相互格斗，要消耗许多能量甚至导致伤亡，得不偿失。可见，这种通过自然选择保留下来的“序位”是有其合理性的。安定团结，才有利于生存和发展。每次等级发生变化，都是对居群和平状态的一种破坏，所以，下属（即序位低的个体）宁愿忍受一些压力而不去抗上。但是这种忍受常以牺牲繁殖权利为代价。

等级序位的生物学意义在于：第一，能保持社群的大局稳定；第二，社群等级序位可协调成员之间的

关系，能在觅食、防御、进攻、逃避时采取一致行动；第三，有遗传意义，序位高者，在饮食、配偶等资源上处于优先选择的地位，从而保证了本物种的强者有较多的后代，而较差的个体将获淘汰。

（1）等级表现

猴类之间的等级能够从一个简单的实验中得以验证：将一块食物放在两只猴子中间，一只猴子上来就抓，塞入口中，另外一只则眼巴巴地瞧着，不敢贸然动手，显然前者地位高于后者。

翘尾巴是地位高的表示

在野外，猿猴明显的地位等级随时可见，但有时它们的关系又是微妙的，还有的种则等级不甚明显。猴王的统治态度要视现场情形与动作程度而定。当猴王气势汹汹地走向其他成员时，大家忙不迭地纷纷闪开，敬而远之。当猴王平心静气地向某个母猴靠近时，周遭被安详的气氛笼罩，该母猴仅仅欠欠身让它过去就可以。

在不同类型的灵长类居群中，社会等级表现为不同形式：第一，在单雄居群和家庭居群中，只有一位雄性统治者，其支配—从属关系表现为独霸式，即群内只有一个个体支配全体，其他个体都是服从者，不再分什么等级。

第二，在几雄居群里，就会出现排座次的问题，其支配—从属关系表现为“单线式”或“系列式”，群内个体是单线联系的支配关系，老大管制老二、老二管制老三……依次往下类推。

第三，在一些社群关系复杂、感情微妙的灵长类居群中，其支配—从属关系则表现为“循环式”，老大管制老二、老二管制老三，但老三能管制老大……居群的序位并非清一色的雄性排位，有时，表现为雄雌相间。原始猴类中，原狐猴、棕狐猴、还有黄狒狒、黑猩猩中类似的循环式，间或出现主雄与次雄及次雄与次雄之间的互助现象。

一般说，老大在居群中最强壮，最威严，是无可

等级森严的狒狒群体

争议的首领，其下为次强者，依次排列，直至最弱。然而，也不全都取决于体力和外表，有时等级有社会因素掺杂其中，如“世袭”；还有时是凭经验、智慧甚至“绝活儿”。著名生物学家珍妮古道尔在非洲贡贝的黑猩猩居群中就记录了一只雄性黑猩猩——它并不具备担当大王的身体优势，却因有一手善于连敲带滚一只铁皮桶的绝活儿，镇住了其他雄性，从而轻取王位。

当然，作为首领，通常还是要靠威仪、实力、声音、智勇等强项，才能维持居群秩序，保障群体完整；在对外作战、两军对垒、兵戎相见时，也得身先士卒。猿猴繁复的社会行为，往往是人类祖先生存状态的影子。居群之间发生战斗原因不外是：领土、婚配、食物。在内部，有时会出现“老二”和“老三”联手，对付“老大”，抢班夺权的事件；但篡权不久，“老二”和“老三”也会分个高低，毕竟“一山并无二王”。

（2）等级变化因素

在猿猴群中，等级不可能一成不变，“老王”终究会因精力不足而被替代。这个替代者可能是原群的“二王”，也可能是外来户。无论怎样产生，都要通过一场战斗，否则，“老王”不会自动退出历史舞台的。一只低位的猿猴要想争得王位，就需经挑战、失败、再挑战、再失败、直至胜利。但失败者如果不表现得妥协、顺从，坚持死硬态度，那就可能导致自身伤亡的结果。

多数猿猴的居群王者是雄性，只有少数原始猴类（如节尾狐猴、绒毛狐猴）因雄雌的体态差别小，便会出现雌性为王的现象。

有些旧大陆猴中处于繁殖状态的雌性会暂时改变等级地位，从发情期它变成雄性关注的中心起，到分娩后做了母亲，身份再次提高。有时，“大王”配偶的身份会高于“二王”，在居群中成为新的一级统治者，这正是“啄食序位”现象*。

狒狒、猕猴居群属于“母系氏族”，雌猴是居群的“铁打营盘”，是永久核心成员；雄性只是“流水的兵”，暂时的成员，小公猴到了青春期便被迫离群索居，自谋生路。

雌性灵长类也非永久地留在群中，到了成熟年龄的雌性大猩猩会离家出走，与孤身索居的雄性结为伴侣，组成新的居群。这种现象还见于疣猴。

在几雄群居中，也许一些幼子不知谁为其父，但母子关系通常是稳定、清晰的。有时，母子关系十分重要，母猴显赫的地位可能过渡给孩子，使其成为母亲以下的第二号统治者。但也有相反情况，珍古道尔发现，某个母黑猩猩的年事已高，在精力和体力上都已无法控制其他成员，但地位却没有降低，很有尊严，为什么呢？原来，她是几个儿子的母亲。是否“母因子贵”呢？

---

* 啄食序位：取自鸟类中的“啄食序位”一词。即一只雌鸟若与序位高的雄鸟交配后，它的等级便会随着配偶的地位而升高；比它的配偶地位低的其他雄鸟便再也不敢接近这个“王妃”了。

处于幼年的猴子，其等级地位常与年龄成反比，特别是一母同胞之间，年幼的比稍长的地位高，小母猴比小公猴地位高，许多小母猴可以肆无忌惮地在“大王”身上摸爬滚打，幼年大猩猩胆敢在成年大猩猩的巨大躯体上乱蹬乱爬。可见猿猴群体中，也是很讲究“尊老爱幼”之美德的。

2. 幼仔的发育

（1）亲子关系

除了原始猴类，多数灵长类的出生是在复杂的社会性居群中。每群中，不同年龄的雄雌个体共同生活，小仔的成长，不仅要有独立觅食、逃避天敌等能力，还要学会社群生活，并在生殖中扮演一个角色。

幼仔从降生起，便要依赖母亲的照顾，哺乳、携带、梳理、舔舐、呵护，母子日夜厮守，相依为命。这一阶段，在鼠狐猴要两个月时间；在猕猴要一年时间；在大猩猩则需要 5 年时间。南美洲的灵长类中，狨猴、伶猴、夜猴都有父亲带仔的行为，而其他灵长类有此行为的却不多。一些成年雄猴，只是在小猴受到欺负时才挺身而出、扶弱济贫的，这还是在同类之间。当然，在受到外界威胁时，公猴更会奋不顾身、义不容辞地保护后代的。母猴在幼仔的哺乳期总是牵肠挂肚，表现出非凡的母性，或背、或抱、或抓着小猴的尾巴，几乎寸步不离。4 ~5 月龄的小猴不仅攀附于母腹，还会趴在母猴的背上。小狒狒常常骑士般地让大狒狒驮着，招摇过市。随着年龄的增长，小猴总想冒险往远跑，一旦有异常情况，便会迅速冲回母亲身边，特别对母猴的呼叫，会及时做出反应。

夜猴幼仔爬在父亲背上

身背幼仔的南美松鼠猴

双亲对幼子的照顾主要表现在保护、喂食、保暖、清洁、指导几方面。一般说，出生率越低的种类，其双亲对后代的照顾越是周到，即母亲对幼子的训导越悉心，时间愈长，该种动物进入性兴奋的次数就越少，它所需生产的后代就越少。

灵长类中，为新生儿制作巢穴的不多，只有个别“晚成型”灵长类（如领狐猴的幼子），就需要成体造巢来保温或依赖双亲的体温。

眼镜叶猴（怀抱着与母体毛色反差极大的幼仔）

许多猿猴的幼仔都有与成体显然不同的毛色，特别是与母体的毛色相反，如黑色的长臂猿、叶猴等，怀中常常抱着一个乳白色或黄嫩嫩的小崽，而黄褐色的大狒狒，怀中常常抱着一个黑乎乎的小家伙；川金丝猴的幼子呈灰黑色，而滇金丝猴的幼子却呈白色。这种色差有助于引起猿猴居群对新生儿的关注，确保母子在这最脆弱的阶段受到大家的照顾。黑猩猩和大猩猩的幼子的臀部都有一撮白毛，也是这个原因。这种毛色的反差或局部毛色的反差，到了成年便消失了。

一个幼仔的降生，自然是居群中的喜事，这时，成年雄性常与母子俩凑得很近，起到保护作用。其他成年、亚成年的雌性也都表现得主动过来为母猿猴理毛，伺机摸摸小仔或抱抱小仔，当然，猿猴妈妈一般是不领情的。这样，小仔便在大家伙儿的殷切关照下成长起来。幼年的猿猴与所有哺乳动物的小仔一样，非常活泼、好动、顽皮。有时敢于在雄性首领的身上肆无忌惮地爬上爬下，大雄性首领总是表示惊人的宽容。林中巨兽大猩猩也是这样，当一只幼年大猩猩在巨兽般的首领身上玩耍时，成年大猩猩通常表现得十分安详。

（2）模仿学习

哺乳动物中，母亲的责任，很少随着幼子的断乳而终止。除了喂奶，母兽还负责训练幼子逃避、取食和与同类保持联系的通讯行为，使其天性更敏锐、技能更熟练。后代都是通过观察、模仿来学习，从小生命开始的第一天到几个月，获得最初的经验便来自母亲，首先是学会吃什么、怎么吃，这种模仿，使其免于误食不适当的食物，甚至有毒之物。

在野生环境中，猿猴幼仔必须尽可能快地听懂报警信号，这是“猴命关天”的大事。当天敌临近，幼仔要迅速对大猿猴的叫声作出反应，躲避天敌，或抓住母亲的皮毛，准备逃避。

特别的技能要从多次的观察、模仿中学习，幼年的黑猩猩见到妈妈每天都为它们娘俩做窝——在树上用树枝搭卧铺，到一岁左右，小家伙便开始帮助妈妈干活，自己折弯一些树枝送到窝边，到四五岁，小家伙便基本能够自己搭床做窝了。“钓白蚁”这种技能需要多年的学习实践才能掌握——将一根长短粗细合适的草棍或树枝捅进蚁巢，但要想选择合适这根“钓竿”则须不断积累经验。

游戏是动物的天性，幼年时代的一举一动都是在玩耍。年幼的猿猴顽皮、可爱，总是沉湎于玩耍之中。游戏也是学习，是在轻松热烈的气氛中的学习。随着幼仔的发育，越来越长的时间离开了母亲，而与小伙伴混在一起，它们整天追跑打闹、撕咬摔跤，不

黑猩猩在寻食

仅使身体得到了锻炼，更重要的，它们通过玩耍中的模仿，模仿成年的等级行为、展示行为、炫耀行为、交配行为，甚至一些还在吃奶的雄性幼仔猴就会在玩耍时作出某种交媾动作，或撅腚、或爬跨，为将来的实践打好基础。

正是游戏模仿，幼年动物很快学会了居群生活。约两岁左右，一起玩耍的幼年猿猴便要分开生活。一般情况下双亲与幼子的关系，特别是父亲对儿子的关系开始疏远，在食物资源、生殖资源等方面的矛盾日益暴露，雄性小猿猴便被驱除出居群，而雌性个体则多被留在居群中，与成年母猿猴学习养儿育女、梳妆打扮、居家做饭的本领。那些亚成年的雄猿猴，除了独猿猴外，也有对集体有利的生存价值，即多在居群的周边、外围充当猴群的哨兵。

（3）生殖学习

对生殖行为的模仿，是灵长类社会行为的一个关键。生殖是一种本能，但又必须在群居的生活中获得。实践证明，失去母爱的动物，行为上往往也缺乏母性，而在交媾行为中，群体生活经历缺失的雄性，问题会更严重。

一只笼养的小猴，从小离开了双亲和群体，孤零零地被人养大，尽管在体格上达到成熟，外观看似全成熟，却表现出行为的极度变态。在交配方面全然不能胜任，特别是雄性，表现得无所适从，交配成功的很少；而雌性猴在这方面却显得天赋较强。有些母猴虽然被有经验的公猴授精，怀孕，但这个母猴对自己产下的小崽不理不睬，视为异物，甚至倒抱着孩子。当幼仔嗷嗷叫着要吃奶时，它会无情地推开幼仔，不懂如何授乳，完全失去母性。被单独饲养大的猴子，即使放回猴群，也常常可怜巴巴地缩在角落，对那些活蹦乱跳的同类惧怕得要命。

一只发育正常的猿猴，必须通过母子间的亲子行为、同类间的社群行为、伙伴间的游戏行为、角色的

小猴在观察父母的交流

扮演、动作的模仿、大胆的实践，才能逐渐达到生理和心理的健康发育。越是进化程度高的灵长类，达到成熟期就越晚，也就越需要学习更长的时间、更多的行为，不学习就没有长进。

3. 争斗行为

发生于灵长类种群内的争斗总是围绕领域的攻防、地位的争夺，在根本上是为了配偶与食物两大资源的占有。

争斗行为的发生，有时会出现伤亡等不愉快的场面，但作为一种进化适应，争斗行为，或称种内侵犯有着生物学上的意义：首先，可保证种内成员在栖息地内的均匀分布，共同合理有效地利用食物资源。争斗行为（社群侵犯）既保证又限制了居群的数量，既有利于繁殖有防止了疾病的蔓延。其次，有助于优胜劣汰的性选择。格斗后，强者参加繁殖，保证了种群的质量；况且，在争斗中，正面的你死我活、一命拼一命的不多，很多争斗是仪式化的（如大猩猩捶胸顿足的典型动作），强者会威胁或暗示对手，使其就范，而弱者的顺从和妥协也能大大减少伤亡。

“利他”不一定是对自己有直接利益、甚至可能要做出某种“牺牲”却使群体其他个体得到益处的一种“大公无私”行为。如雄性狒狒在豹子进犯时，本来自己足以有机会逃命的，但总是不惜自身伤亡、大无畏地冲上去与强手对峙，就是为了雌、幼和居群不受威胁；黑猩猩居群中某个母亲遇难时，其他雌性会毅然相助、主动照顾孤儿；一些猴子还会把食物分给其他成员或交换食物。这些行为似乎对自己没有直接利益，它也许不是动物“无私”意识的体现，而是对种族延续有利的本能的“利他”行为。

第十章　通讯——视听嗅触觉，望闻和问切

一、从“猴老大”故事说起

有一年，在北京郊区有市民发现一只猴子在游荡，就打了110报警电话。警察赶到，收取了猴子，送到附近的麋鹿苑寄养。这是走私犯在贩运过程中走失的猴子，专家鉴定为平顶猴，是猕猴属的一个种，分布在东南亚地区，中国仅见于广西、云南，数量稀少，已列为国家一级重点保护野生动物。

“猴老大”蹲立树桩上

这只猴被送到了麋鹿苑。工作人员很照顾它，给它取名叫“猴老大”，还特意为它建造了一座两居室的猴舍和红白相间的木屋。“猴老大”为成年雄性，四肢健硕，腰身敏捷，体毛酷似阿拉伯狒狒，厚密而蓬松，且背毛卷曲如女士的钢丝烫发。它的到来，一时成了众人关注的核心角色。来这里参观的人都喜欢在“猴老大”笼前流连驻足。

与“猴老大”握手

每当客人来到猴舍前，“猴老大”都会不紧不慢、不卑不亢地走上前来，伸出极其有力的、毛乎乎的双手与人紧握，同时，做出仰首皱眉的感慨状，俨然一对久别重逢中的老友。但有不知深浅的小孩，向

“猴老大”吐口水，甚至往猴舍里扔食品包装，就会遭到“猴老大”的反击。对动物缺乏敬而远之态度，这当然是咎由自取，恶有恶报。其实，与“猴老大”握手，很是有些规矩，它绝不会在刚握完手后，再次与你握手。“猴老大”自有“猴老大”的尊严，不做摆拍，我行我素，更不会与歧视它、甚至耻笑它的人握手。

经过与这位“猴老大”的长时间接触，饲养员掌握了跟“猴老大”握手的关键一招，就是面部表情的交流。目光要温和，不可瞪眼；嘴唇要匝巴，不可龇牙。饲养员小高用这种方式很快就与“猴老大”的关系改善，基本达到了“零距离”。与动物建立一种相互信任的关系，对饲养管理来说十分重要。一次，“猴老大”跑到隔壁人家去调皮，小高提个小笼子，三招两势就把“猴老大”请回笼中提了回来。其实，与动物交流，也要讲究心诚则灵，尽量用语言与它们交流，对不同的动物，要用不同的语言，不仅有声音语言——听觉信息、身体语言——触觉信息，还有面部表情——视觉信息、动作，甚至心灵上的感应。

某动物发出的一种或几种刺激信号，并引起其他动物（接收个体）产生行为的反应就是动物间的通讯。

动物之间是通过通讯进行联系的，这种联系在动物结群活动中十分重要。通讯系统由信号、发信者、接收者几个基本要素构成，通讯形成网络，其中信号的接收包括视、听、嗅、触等等不同方式。

猿猴生活在由两性及不同年龄成员组成的社会居群中，是群居就有互通信息的要求，这种个体之间相互传递信息的能力即通讯能力。灵长类区别于其他哺乳动物的一个主要特征是具备复杂而发达的大脑，而大脑效能的正常发挥，在范围和质量上最终取决于身体各个感知器官——眼、耳、鼻、舌、皮肤，这些感官的信息经过神经网络传输到大脑。

二、猿猴的嗅觉

凡是夜行性的灵长类，特别是原始猴类，能够在白天有效利用视觉器官的很少。入夜才是它们大显身手的时候。亚洲懒猴、非洲婴猴等虽然看上去双目圆睁，实际上它们互通信息的最有效方式还是嗅觉（也可称为嗅迹或化学通讯）——它们把某种叫做外激素的皮肤分泌物释放于体外，包括将尿液、唾液等散布于所到之处，以引起同种的另外一个或几个个体产生特异性反应。这种嗅迹对别的动物也许不起作用，对同类则是十分强烈的通讯信号。

豚尾叶猴上扬的鼻孔

利用化学信号——外激素传播信息的动物很多，如羚羊能将眼角香腺的分泌物蹭在树枝上作标记与其他羚羊取得联系；狗边走边尿，就是在标示路线或划定地盘；黄鼬肛门处的皮肤腺能分泌一种奇特气味，不仅可以随便排出来标示领域，还能熏走对手自己趁机逃生。树熊猴、懒猴等夜行灵长类会用尿浸湿手足或边走边尿，分泌物也能随屎尿排泄物排出，起到传播性信息，引诱异性，或标志领域的作用。

善于运用化学信号的节尾狐猴

昼行性的原始猴类也善于运用嗅觉通讯，大狐猴身上有分泌外激素的腺体，节尾狐猴的嗅觉手段用于仪式化的领土防卫上。很多动物都具分泌腺，但腺体所处部位有所不同，野猪在背上、羚羊在眼角、黄鼬在臀部、马鹿在腿上、驯鹿在蹄上、骆驼在头上，而节尾狐猴在臂上。节尾狐猴的前臂有一块角质化的嗅腺体，这是一种特化成专一的外激素释放源，雄性的比雌性发达，雄性腋窝下还有一块，这些腺体是用来进行化学战的“火药库”。开战之前，两雄相对，把长尾扯向前臂和腋下，在自己角质化的腺体上揉擦不已，当尾巴上满是气味时，便高举过头，上下扇动，战斗达到高潮。这场战斗无需大动干戈，只是凭着这种“化学战”就能击败对手

新大陆猴如金狮猬的颈部、胸部及生殖器周围都有释放外激素功能的腺体，可传播有关年龄、性别、婚配、领土标志方面的信息。

猿猴对化学信息接收是通过嗅觉感知的，鼻腔黏膜含有许多嗅细胞，它们是化学感受器的基本单元，嗅细胞的神经纤维直接通向大脑。

旧大陆猴利用嗅腺功能的不多，但嗅觉器官——鼻的结构与原始猴类相异，没有一种旧大陆猴具备裸露的潮湿的鼻镜，其吻部大大缩短，鼻骨系统简化，鼻的神经末梢减少。高等灵长类这种嗅觉器官的废退，甚至反映到了大脑，灵长类脑嗅球体都比大多数哺乳动物的小。也许因为在其进化过程中，嗅觉通讯信号远不如视觉信号来的及时、迅速、强烈了。

三、猿猴的视觉

在昼行性动物中，视觉是所有通讯方式中运用最多的，当接收者收到信号后，通过视觉知道发号者的动态，这是利用可见光从环境中接收信息最重要的手段。视觉通讯所采用的形式包括辨认、身体姿态和夸张表示。现代猿猴的色彩进化得尽善尽美，不仅有拟态作用，种间的相互辨认作用也非常重要，在非洲长尾猴中极其典型。

长尾猴类有20余种，它们体型相似，面貌各异，

可通过斑点、胡须、毛簇、条纹等不同颜色、摆布和搭配，来提示这些同域不同种的猴子的微小差别。它们之间是凭视觉对特征进行辨认，来识别对方，以免发生异种交配。

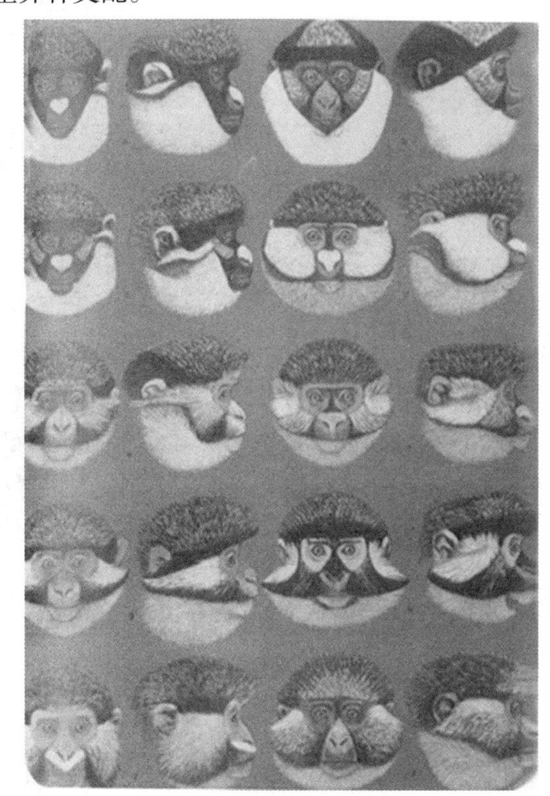

各种长尾猴的不同表情

猿猴接受信息主要是通过视觉，而最容易使视觉器官——眼接受的刺激便是身体姿态。实际上，一只猴的全身包括尾巴都在传递着视觉信号：猴王从昂首阔步的气度和上翘的尾巴可透露出猴王高贵的身份，

非洲白脸猴的面部表情

而地位低下的猴总是弯着腿、垂着尾，畏畏缩缩，一副紧张和不安的神态。

一只猕猴首领有时可以兵不血刃，只通过一系列的视觉信息、威吓姿态就控制了下属、镇住了对手：①双眼盯看对方，探头；②张嘴露齿；③上下晃动上身；④以掌拍地并发出深沉吼叫；⑤最后，迫不得已，才真正冲向对方或得罪它的那位。这一连串愈演愈烈的信号，猴王可以一气呵成地做下来，但它宁愿只做开始的几步，吓唬对方一下了事。对于猴王的威吓，下属一般施以相应的屈从表示：转臀向猴王；连续地吐舌咂嘴；发出吱吱的哀叫；翘臀邀配；猛然回头诱发猴王；更强烈的动作便是趴在地上做臣服状、挨打状。有时，猴王大模大样地上前爬跨下属或做一个仪式般的交配动作，由此化干戈为玉帛，降低了强势者的进攻性。但若遇上死硬的对抗者，一场你死我活、不死即伤的恶斗就会发生。

猿猴还有一种有效的视觉通讯方式：耸毛。最典型的是南美伶猴，在它们的地盘保卫战中，常常后背高耸，向侵略者展现蓬松的体态，这样，身体显得比平时大许多，更富于威慑力；棉头狷在激动时常常把项上白毛耸立，作出怒发冲冠的样子；松鼠猴在发情季节成年雄性会直立肥硕的身体，向下属或异性展示其生殖器，这也是一种显位功能。

有时，一些猿猴的面部表情并无确切意思，如抽缩头皮、显露眼睑，有时表现于威吓者，有时也表现在被威吓者的脸上；有时，猴王张开大口、露出巨大犬齿，下属觉得很害怕，不知所措，没准儿猴王只是打了一个哈欠。一些灵长类的面部具有表情肌，它们面部表情能够发生变化，如狮尾狒夸张的翻唇，食蟹猴的展眉，平顶猴的扬脸，这些行为都是种内通讯的重要视觉手段。

打哈欠的大公猴

酷爱摇头晃脑、呲牙裂嘴的叶猴

游戏面孔在猿猴的居群中常常显现。比如，一只猴子以很夸张的动作触及对方或抓咬、或扑跳，这些视觉信号的含义要根据情形而定，也许在玩耍中，这都是轻松愉快亲昵友好的表达；而在关系紧张、感情对抗时，则是相当有威胁的表示。正因为这样，游戏面孔多显现于年幼的猴子，而成年猴、特别是猴王总

黑猩猩的游戏面孔

是巍然屹立、不动声色。

展示，又称夸耀、示威，是灵长类中常有的视觉通讯，它与捍卫领土、显示实力有关，常起到威吓、警告的作用。张大嘴、瞪大眼，毛发竖起，双耳紧贴、身毛膨胀等均属示威性举止。当两群猴子遭遇时，大猴会窜上树梢剧烈摇晃树枝，耀武扬威。猕猴、金丝猴、狒狒、白睑猴都会做出这类炫耀动作，让对方看看自己是如何的孔武有力。南美吼猴在对付来犯之敌时，不仅以吼叫威胁，而且会站在来犯者的上方撒尿，以示不满。两个黑猩猩的居群汇合时，常常表现为兴高采烈，狂呼乱吼的场面，或扔树枝、或双足敲地。大猩猩激动时的示威行为最为完美，已形成一种特有的仪式——击胸。在两群相遇时，大猩猩们先是吼叫一番，随后抓起乱草塞入口中，最后达到高潮，直立身体，捶胸顿足。

四、猿猴的听觉

在枝浓叶茂的原始森林，视觉信号有时会受到阻碍，听觉信号却能越过一定的障碍物传得更远。这种压力使树栖灵长类的听觉系统得到完善和发展。尽管在刚刚适应昼行性的进化初期，灵长类的外耳已从具有“捕捉器”的搜索功能退化为软骨质的相对固定的外耳了，但现生灵长类的听觉与视觉、嗅觉一样，可以准确地接收信息。

南美吼猴是以吼而闻名、得名的猴；亚洲呼猿是因呼而闻名、得名的猿；长臂猿流畅悠远的啼叫早已入诗——“两岸猿声啼不住”；南美卷尾猴不仅能够发出轻柔的哨声，而且可以向200米开外的同伴发出高声呼喊。长臂猿和吼猴因声得名是名副其实的，它们都具备特殊的发声器官——声囊（喉囊），这个器官随着它们年龄的增长而完善，幼年猿猴无法模仿其母亲悠长的呼叫。白睑猴的火鸡般的“嘎嘎”叫，是6岁之后才具备的，它们的声音信号，常用来保护领地，对于擅自闯入领域的不速之客，它们发出特殊信号，先是“呜呜”的低音，继而为“嘎嘎”的断音。当动物学家用仪器录下这些声音再向它们播放时，白睑猴便会闻声而退，显然这是一种表示回避的通讯信号。马达加斯加岛的狐猴能发出异常凄厉的叫声，如同弹棉花的声音；而指猴就是因为善于发出“唉唉”之声，从而得名“aye - aye”。

人有人言，兽有兽语。听觉通讯的作用很多，有用于求偶的，有表示威慑的，有宣布领地的，有辨认同类的，有类似口令的，也有以声音作为种内警报信号的。

生活在肯尼亚的绿猴能够针对不同天敌如猎豹、老鹰、毒蛇、狒狒……发出截然不同的报警之音，这些信号可以唤起同伴作出相应的反应。如发出鹰警之声，是要求大家纷纷向上看，向低处跑；发出蛇警之声警示大家向下看，向上跑；发出豹警之声是告诉大家迅速上树逃生。据研究，日本猴能发出37种不同含义的声音，并被概括为6类：居群移动时的呼应；低位的对高位的猿猴临近时发出的防范声；高位的猿猴对低位的发出的威吓声；哨猴在树端发现异常的报警声；发情母猴叫声；幼猴要吃要喝的啼叫声。

金丝猴有着精确的报警信号，其居群中发出的言来语去、你应我答的交流，抑扬顿挫，妙不可言，如幼猴寻找父母时发出的嗷嗷声，发现食物时的“嘎嘎”声，见到天敌发出的“巴嘎”声……

与金丝猴交流

五、猿猴的触觉

对于一个动物或一种物种，只是看其一眼、听其一声，是远远不够的，要想判断其质地、重量、温度、味道，甚至反应，就得亲手触摸或亲口品尝一下，从而得到更真切的感受。触觉信号为多数灵长类所采用，它包括痛、触、压、温几种感觉。还有在性行为、亲子行为、护仔行为中运用较多的亲昵、爱抚等，通过皮肤将有关信息传递给大脑。灵长类的皮肤极富感知力，尤其是手足尖端的皮肤触觉器官“感觉小体”极为丰富，使猿猴能获得触觉的能力，不仅限于对自然的感知，还广泛用于社会行为、社群交往当中。

梳理行为是以触觉方式联络感情的一种最常见的社会行为，就是俗称的“猴抓虱子”。实际上，猴子身上并没有这么多的、抓不完的虱子，它们之所以没完没了地“抓虱子”，乃是一种互惠互利的合作，在理毛时，绝不会有不愉快的事情发生。一只猴子一本正经地给另一只猴子理毛，被理者认真地变换姿势，展示自身的各个部位，或头、或背、或腹、或腋，或臀、或尾，理毛者总是全神贯注地埋头掰开毛缝，对每块毛皮翻来覆去，或揭、或抠、或拍、或揪，把体表的一切异物：草叶、皮屑、土渣、粪便、伤疤、寄生虫……一一清理干净，一个回合过去，它们再变换角色，梳理者成为被梳理者，理毛重新开始。

表面看，理毛是一种卫生保健行为，但从这轻松祥和的气氛看，更是一种联络感情的社交行为。许多猿猴常常聚集在一起，几个小时地相互理毛。无疑，清洁皮肤用不了这么久，梳理行为使母子、雌雄、上下、左右、姊妹、兄弟、情侣以及同性成员之间都平等相处，理毛充满爱，这是维系居群关系的一个不可缺少的手段。

有时，公狒狒也会大度地为母狒狒理毛

猴类还有自行梳理的习性，原始的狐猴、懒猴会用其特殊的梳理器官——梳齿和梳爪进行自我梳理。狐猴、懒猴、跗猴等在理毛时，与猫狗的自我舔舐皮毛行为相似，是用舌舔、用牙蹭、用足部二趾上的梳爪挠，这类猴子的手指很不灵活，所以，便生出这般用于梳毛的器官来。

一对以尾相缠的南美伶猴

黑猩猩、黄猩猩则比较传统，对一切新鲜事物在用手抚摸之前，总要用嘴唇舔舐一下；大猩猩稍逊一筹，其巨大突出的嘴唇却和手一样起着操纵物体的功能。灵长类中还有一种别出心裁的触觉运用方式，就是南美猴类的尾缠绕，此举见于夜猴和伶猴，当两个或更多的个体并排栖息在树干上时，经常把尾巴相互缠绕在一起，就像是藤缠树，以示亲密。

黑猩猩在久别重逢时候，常以拥抱、接吻、拉手、抚拍等触觉信号相互交流。拥抱的动作更频繁地还见于金丝猴——两只金丝猴如果小有芥蒂，马上以紧紧拥抱的方式互相和解，并且，嘴里还发出哼哼唧唧的声音，这种相亲相爱、相拥相抱的触觉方式，起到了很好的缓和作用。